U0316150

# 深圳生态环境遥感监测方法与实践

## （第三卷）

王伟民 等 著

中国环境出版集团·北京

**图书在版编目（CIP）数据**

深圳生态环境遥感监测方法与实践. 第三卷/王伟民
等著. —北京：中国环境出版集团，2020.7
ISBN 978-7-5111-4370-9

Ⅰ. ①深… Ⅱ. ①王… Ⅲ. ①生态环境—环境遥
感—环境监测—研究—深圳 Ⅳ. ①X87

中国版本图书馆 CIP 数据核字（2020）第 128155 号

| | | |
|---|---|---|
| 出 版 人 | 武德凯 | |
| 责任编辑 | 曲 婷 | |
| 责任校对 | 任 丽 | |
| 封面设计 | 彭 杉 | |

出版发行　中国环境出版集团
　　　　　（100062　北京市东城区广渠门内大街 16 号）
　　　　　网　　址：http://www.cesp.com.cn
　　　　　电子邮箱：bjgl@cesp.com.cn
　　　　　联系电话：010-67112765（编辑管理部）
　　　　　发行热线：010-67125803，010-67113405（传真）
印　　刷　北京建宏印刷有限公司
经　　销　各地新华书店
版　　次　2020 年 7 月第 1 版
印　　次　2020 年 7 月第 1 次印刷
开　　本　787×960　1/16
印　　张　6.25
字　　数　90 千字
定　　价　48.00 元

**中国环境出版集团郑重承诺：**
中国环境出版集团合作的印刷单位、材料单位均具有中国环境标志产品认证；
中国环境出版集团所有图书"禁塑"。

# 编　委　会

# 前　言

　　城市是人类对自然环境干预最强烈、人工环境占主导地位的地理区域。在这个特定的地理区域中，人类对自然环境进行适应、加工和改造，通过人类活动与周围环境相互作用形成了网络结构和功能关系的统一整体，称为城市生态系统。城市生态系统包括人类本身和自然、社会、经济等方面的诸多因素，把握这样庞大而复杂的生态系统在宏观上十分困难。目前一种有效的方法是借助周期性的对地观测手段进行定时跟踪和监测，即利用遥感技术解决城市生态系统研究过程中数据采集的问题，城市生态遥感在此基础上应运而生。

　　随着深圳市城市化进程加剧，城市生态系统变化十分剧烈，开展深圳城市生态环境的遥感监测，有利于合理保护与利用生态资源，保证生态系统完整性。深圳市环境监测中心站与中国科学院地理科学与资源研究所围绕深圳市生态遥感监测的论证、建设与应用工作，在详细分析城市生态遥感监测应用产品业务需求的基础上，系统地开展了遥感技术在城市生态领域的关键技术研究；同时面向城市生态管理不同方面的业务活动，对多源遥感数据和地面监测数据等多种数据资源有效整合，开展深圳市生态遥感监测技术流程研究与应用示范研究。依托于这些工作，同时借鉴了前人的部分工作成果，《深圳生态环境遥感监测方法与实践》是一部系统介绍深圳市生态环境遥感监测进展的专著，本书是这一系列专著的第三卷，主要分为四个章节：

　　第一章绪论，是全书的铺垫，介绍了城市生态遥感监测的研究进展，阐述了深圳城市生态环境遥感监测亟需解决的问题。

　　第二章城市生态监测遥感处理流程，介绍了城市生态环境遥感监测所用数据和处理技术，阐述了城市生态监测遥感专题数据产品体系，提出了深圳市生态遥感监测的基本流程。

第三章城市热环境遥感监测，介绍了城市热环境遥感监测理论基础，对深圳城市热岛、地表能量收支以及体感温度开展了遥感监测与分析。

第四章城市土地覆盖和碳汇监测，介绍了城市土地覆盖、植被参数及碳汇遥感监测理论基础，对深圳城市土地利用分类、地表覆盖度关键参数以及城市碳汇开展了遥感监测与分析。

总体来说，本书围绕深圳市城市生态遥感监测工作的实际需求，利用卫星遥感技术对深圳市的生态环境进行了持续、动态的监测，通过对城市热岛、植被覆盖度、植被固碳释氧量等多项指标值的年际间分析，反映了生态环境及其格局的变化，实现了对城市生态遥感监测应用的潜力和能力分析。我们希望通过此书，全面掌握深圳市生态环境安全的现状，综合评估生态系统质量和服务功能，提出生态环境保护对策，为深圳市生态文明建设与生态环境保护提供决策依据。另外，深圳市是不断发展的，深圳市生态环境状况是不断变化的，城市生态学也是不断发展的，本系列专著的内容在今后研究中将不断更新与完善。

本书是国家环境保护快速城市化地区生态环境科学观测研究站的观测和研究成果产出，特此向支持和关心作者研究工作的所有单位和个人表示衷心感谢。作者还要感谢出版社同仁为本书出版付出的辛苦。书中部分内容参考了有关单位和个人的研究成果，均已在参考文献中列出，在此一并致谢。

2020 年 7 月

# 目　录

# 第一章 绪 论

## 第一节 城市生态监测

城市是人工环境主导同时人类干预自然最强烈的地理区域。城市生态系统则是以城市为载体，由人类和各种有机体以及其他广义生存要素相互联系、相互作用和相互之间共同构成的集合。城市生态系统不但包括人类自身，还包括与人类相联系的自然、社会、经济等方面的诸多因素，是一个复杂而庞大的有机体。城市生态环境是城市居民从事社会经济活动的基础，是城市形成和持续发展的必要条件，直接影响着城市的可持续发展和社会进步及现代化建设，城市生态环境质量的发展变化与城市居民的生产和生活甚至生命安全密切相关。

拥有良好的城市生态环境是人类生存繁衍和社会经济发展的基础，是社会文明发达的标志，是实现城市可持续发展的必要条件。城市生态的研究不仅要阐述人与环境间的相互关系，更要揭示他们之间相互作用的基本规律及机理，不满足于描述城市环境，而是要用科学理论去解决人类生存和发展面临的问题。因此，客观地认识和了解城市生态环境质量的变化，对正确制定社会经济发展战略和产业配置规划、有效调整城市职能、改善城市生态环境质量、确保城市经济与环境持续协调发展具有重要的意义。

城市规模扩大、人口集聚给社会带来了巨大的效益，也带来了一系列问题，当前的城市问题实质上主要是生态问题。由于人口压力引起对土地需求的剧增，造成土地资源过度开发利用，破坏了自然资源和生态环境，打破了土地生态系统长期存在的良性循环，从而产生了一系列城市生态环境问题。城市中的生产、生活等活动需要大量能源，这些能源以化石燃料为主，它们的燃烧消耗了大量氧气，加重了大气污染。近年来，生态环境污染已经由局部向区域乃至全球蔓延，城市生态环境日渐恶化，尤其是一些大城市，诸如上海、北京、广州、深圳等在生态环境方面的问题更是亟待解决。城市环境与人类活动是否协调、是否有利于人类自身的发展和各项活动的开展，越来越为世人所关注。快速城市化已成为国内外的研究热点。2015 年美国生态学会年会的主题为："发展中的城市生态学研究，致力于创建一个更宜居和可持续发展的城市。"国外仅美国巴尔的摩等城市针对城市生态系统开展观测与研究。我国仅在北京开展城市生态系统观测与研究，尚未针对快速城市化地区生态环境开展观测与研究。

近年来，深圳市工业化的高度发展和城市化进程的加快，带来了严重的生存环境危机，如城市大气污染、城市热岛、城市灾害等城市病日趋严重。深圳作为国际大都市，经济发展水平较高，城市化水平也非常高。如何引导深圳城市建设走向可持续发展之路，建设生态深圳已引起广泛重视，对城市化所带来的深圳生态环境问题的研究也日益重要。因此，着力解决直接危害市民健康的环境问题，深入研究城市热岛效应对市民健康的累积性影响和潜在危害，制定环境健康公害防治预案成为环保监测刻不容缓的工作。在深圳城市发展中，必须注重增加城市建筑区的绿量空间，发挥森林、湿地和绿地在缓解城市热岛效应方面的作用，倡导通过森林绿地和乔木为主的绿化模式，提高城区绿地的空间利用效率、降低城市热岛效应带来的危害。

## 第二节　城市生态遥感研究进展

遥感是一种非接触的获取地球表面信息的技术，通过探测和记录地面目标的电磁波辐射信息，对其进行处理、分析和应用，从而确定地面目标的位置、性质、属性和变化规律。遥感在本质上是对地面目标的电磁波信息的收集、处理和应用的过程。在这个过程中，遥感图像获取是前提和基础，遥感图像处理是手段和途径，遥感图像应用是目的和归宿，遥感技术是城市生态环境监测的重要手段。图1-1 给出了城市遥感卫星数据采集示意图。

**图 1-1　城市遥感卫星数据采集示意图**

无论城市生态系统研究采用何种方法都将面临两大难题：首先是全方位资料的收集，其次是巨大信息量的处理。遥感技术作为获取数据的手段，用动态大系统理论作为数据分析的工具，借助于专家系统和地理信息系统处理和管理数据，可以较满意地解决上述问题，因此，遥感技术在城市生态研究中有巨大的应用潜力。首先，多平台、多时相、多方式的遥感数据为生态系统的全方位研究提供了数据支持；其次，利用遥感技术可以对系统运行情况进行实时监控，修正系统模型或仿真程序极为方便；最后，遥感技术收集数据资料周期短、费用小。动态大系统理论为研究高维、多目标、动态演变的城市生态系统提供了有效方法；专家系统和地理信息系统提供了客观的、可供讨论的数据处理和分析软件体系，并使遥感技术在地学领域的广泛应用成为可能。

在城市生态监测应用中，常规站点实测数据只能反映监测点非常小范围的环境情况，而无法获知区域范围的整体环境特征和区域分异性。遥感对地观测技术这一能够观测大范围地表信息的能力和多源遥感数据能够提供长时间序列观测信息的优势克服了地面观测的采样空间代表性小和时间跨度短的局限性。遥感监测与地面实测数据结合，开展深圳城市生态的联合分析监测，从点信息、面信息及时间过程信息对深圳城市生态环境问题进行综合研究是制定合理有效的城市热岛环境治理方案的重要保障。国家"十三五"生态环境保护规划、广东省生态环境保护"十三五"规划以及国家发展改革委等部委发布的《关于加强资源环境生态红线管控的指导意见》中都明确将"建立天地一体化的生态遥感监测系统，实现环境卫星组网运行，加强无人机遥感监测和地面生态监测"作为未来环境监测工作的重点。

城市遥感的任务就是为城市规划、建设和管理提供多方面的基础地理信息和其他与城市发展有关的资料，如城市土地利用现状、城市规模演变、城市人口及其分布情况、城市道路与交通状况、城市热岛、城市通信受地理因素的限制等，遥感技术在城市生态系统研究中的应用已较为成熟。

## 一、城市热岛效应

城市热岛效应也称热岛现象，是指城市中的气温明显高于外围郊区的现象。无论是日出还是日落以后，城市的气温都异常高于周边地区，并容易产生雾气。对该现象的研究可追溯到 17 世纪，气象学家在研究伦敦地区的气候时首次观察到这一现象。随着技术的发展，利用人造卫星上的红外摄像机拍摄地球成为研究热岛现象的主流方法。人类从红外影像上发现照片中的城市地区的温度有着很明显的差异，看起来城市部分就好像周边地区的一个浮岛。城市热岛是城市生态系统所特有的一种现象，是人类活动对气温影响的最突出特征，它对全球变暖的贡献已经引起广泛关注，对城市热岛效应的研究也成为气候、生态和环境问题中的热点。

热岛始终是城市环境研究的主要课题，利用遥感技术研究城市热岛已有近 50 年的历史，最早可追溯到 20 世纪 70 年代在美国开展的一项城市环境研究。大规模的城市化进程改变了地表原有的能量和水的平衡，并影响空气流动。在晚上，城市中心既是热岛又是湿岛，而在白天城市中心则是热岛和干岛。城市热岛效应普遍在夏季较弱，而在秋季和冬季较强。此外，研究发现城市热岛的强度与城市周边的郊区的温度成反比，而热岛的空间范围则与热岛强度和城市周边郊区的温度无关。

随着城市化进程的不断加快，自然环境、植被等被水泥和沥青地面所代替，用于地表潜热蒸发的地表水分降低，城市内部结构的复杂性使得控制地表热通量的主要因子（如反照率、热容、热岛等）发生改变；同时，以高能耗为典型代表的生活方式的出现，使得人为热能、温室气体等日益增多，从而改变了近地面交换和热辐射通量交换，引发城市及周边小气候发生变化，从而表现为城市局地气候变化中与郊区的气温差异，即形成热岛效应。城市热岛不仅可以改变如净初级生产、生物多样性、水和空气质量以及气候等生态环境要素，还能影响如发病率、死亡率等人类健康要素。随着全球气候变化加速，城市热岛带来的这些影响预计会更加严重。因此，更好地理解城市热岛的影响对于支持未来的减缓气候变化行动和人类适应策略至关重要。

城市热岛可分为两种类型，第一种是大气城市热岛，它指的是城市上方的大气温度高于周边区域的大气温度的现象；第二种是地表城市热岛，它指的是城市的地表温度高于周边区域的地表温度的现象。城市热岛效应的研究方法主要可归纳为三种：地面观测法、遥感监测法和数值模拟法。其中遥感监测法是利用传感器对城市下垫面及其地表温度进行实时观测，利用遥感技术揭示城市空间结构和城市规模的发展与变化，有助于引导城市朝着健康的方向发展，提高人居环境质量。遥感卫星的热红外信息综合地反映了热环境状况，且具有分辨率高、宏观、快速、动态、经济等特点，是城市热环境研究的有效技术手段。图 1-2 为城市热岛的示意图与深圳市卫星反演的人为热排放。

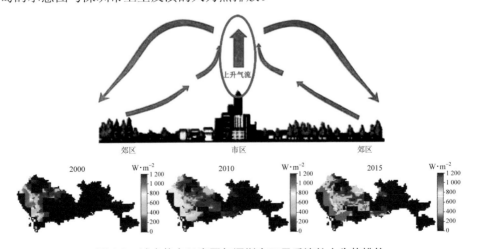

图 1-2　城市热岛示意图与深圳市卫星反演的人为热排放

## 二、土地利用

土地利用是人类根据土地的特点，按照一定的经济和社会目的，采取一系列的方法与技术手段，对土地进行的长期性或周期性的经营活动。它主要研究各种土地的利用现状（包括人为和天然状况），一般指地球表面的社会利用状态，如工业用地、住宅地、商业用地等，反映土地资源的社会经济属性。以林地为例，从其利用目的和方向出发，分为用材林地、经济林地、薪炭林地、防护林地等，仅反映土地实际用途，而不表示它潜在的用途和适用性。土地利用状况是人们依据土地本身的自然属性以及社会需求，经过长期改造和利用的结果。依据不同的土地用途和利用方式，土地利用的分类系统有不同的类别和等级。一级分类以土地用途为划分依据，如耕地、林地、交通用地等；二级分类以利用方式为主要标准，如耕地可分为水田、旱地、菜地等。城市土地利用一般是指城市在建设和发展过程中对土地实施开发、使用、保护的过程，其本质是土地使用性质的转变，即农业用地转变为城市建设和发展用地。土地的不断开发与利用，对整个生态系统结构造成了一定的影响。研究土地利用结构时空变化特征、分析其驱动因素，对指导人类进行科学合理的土地利用具有重要的现实意义和科学意义。遥感影像可反映城市布局的基本形态以及功能区的地域差异，是获取土地利用变化信息的主要手段。图 1-3 给出了深圳市卫星遥感数据反演的城市不透水层丰度。

中低分辨率遥感影像的信息处理和提取方法是建立在像素级别的光谱信息分析基础上，只能使用图像的强度量即灰度值的统计信息，而对地物形状、结构等信息的分析很少涉及。高空间分辨率遥感影像的结构、形状、纹理和细节等信息非常突出，而光谱分辨率不一定很高。对于高空间分辨率图像的信息提取不能单纯依靠像素级别的处理方法，而应该充分利用影像的信息表达能力，采用综合分析的方法确定地物类别。目视解译信息提取方法虽然效率低、时效性差，但擅长提取空间相关信息，目前仍然被广泛应用于对精度要求较高的土地利用信息提取中，特别是在米级分辨率遥感图像分类时，目视解译精度要高于计算机分类精度的土地利用结果。卫星影像的纹理特征反映了自然景观和目标地物的内部结构，且能够在较小空间范围内观察地表的细节变化，成为卫星影像解译与信息提取的主要依据。在高空间分辨率遥感影像上，大部分城市用地类型可以进行直接解译，如居住用地、仓储用地、公共设施等。在黑白全色航片上，目标地物的形状和色调是识别地物的主要标志；在可见光范围内成像的黑白全色像片与人类在可见光下观察地物的条件相一致，因此黑白像片上各种地物也比较容易识别。但是，城市地表覆盖受到人工的强烈干预，城市土地利用类型较多，在影像上表现较为复杂，存在"同物异谱、同谱异物"现象，因此，用来解译图像的信息并不在单个像元中，而是在富有意义的图像对象和其相互关系中，在影像目视解译判读中，还有必要根据各种要素和现象之间的相互关系及地理分布规律进行地理相关分析，确定不易判断的城市土地利用类型。

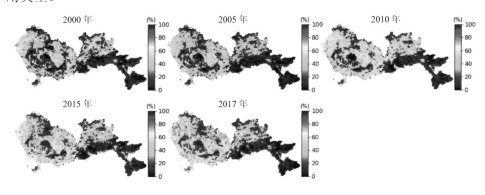

图 1-3　深圳市卫星遥感数据反演的城市不透水层丰度

## 三、城市绿地

城市绿地主要指存在于城市（包括郊区）中的以改善城市生态环境、维持城市生态平衡、促进人类健康、提高文化生活水平为主要目的，能提供人们游憩活动场所的所有的自然景观或自然景观恢复的地域及其相关的人文景观的总称。城市绿地是城市生态系统的一个子系统，作为城市生态系统的重要组成部分，对提高城市自然生态质量、提高居民生活水平、增加城市经济效益、净化空气污染具有重要作用。

植被在地球表面占有很大比例，是地—气系统物质能量交换的主要载体，是研究地球辐射收支平衡及碳、氮、水循环的关键因子。陆地表面的植被常是遥感观测和记录的第一表层，是遥感图像反映的最直接信息，也是人们研究的重要对象。将遥感技术应用到城市绿地信息提取中，可以动态掌握绿地覆盖面积，对优化绿地空间结构、提高城市的可持续发展潜能、实现绿地的整体规划具有重要意义。

与传统绿地信息提取方式相比，利用遥感影像进行绿地信息提取，具有视域范围广、宏观性强、图像清晰逼真、信息量多、重复周期短、资料收集方便等优势，无论在人力、物力还是财力上都非常经济，而且时间短、效率高。人们可以通过遥感提供的植被信息及其变化来提取和反演各种植被参数，检测它的变化过程与规律，研究它与生态环境其他因子间的相互作用和整体效应等。城市绿地系统是包括城市（郊区）范围内对改善城市生态环境和城市生活具有直接影响的所有绿地及其相关植被，是一个绿色的有机整体。城市绿地遥感是城市遥感的一部分，利用遥感技术提取绿地信息，主要用于判定和量测绿化覆盖面积，判别绿地的类型、结构乃至识别植物种类等。图 1-4 给出了深圳市城市植被街景图与卫星遥感反演的植被覆盖度。

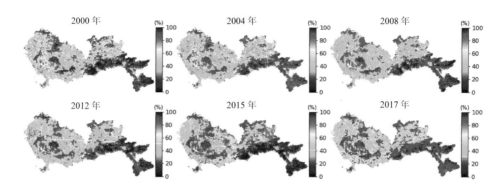

图 1-4　深圳市城市植被街景图与卫星遥感反演的植被覆盖度

# 第三节　深圳城市生态遥感监测

深圳市位于广东省南部珠江三角洲地区，陆域位置是东经 113°46′～114°37′，北纬 22°27′～22°52′。东临大亚湾，与惠州市相连；西抵珠江口伶仃洋，与中山珠海相望；南为深圳湾，与香港毗邻；北至东莞、广州。山脉多位于东南部，西北部地势较为平缓。深圳市土地总面积约 2 000 km²，海岸线总长约 230 km。图 1-5 为深圳市 2018 年 LANDSAT 图像的真彩色显示结果。深圳的地理位置属亚热带向热带过渡区域。临海的地理特点使得其具有海洋调节性季风气候，特点是气候温和，夏季不会特别热，冬天不会特别冷。年平均气温 22.5℃，最高气温 36.6℃，最低气温 1.4℃，全年基本为无霜期，年均日照 2 060 h，太阳年辐射量 5 225 MJ/m²。全年雨量充沛，每年 5—9 月为雨季，年平均降雨量为 1 924.7 mm。植被类型以热带常绿季雨林为主，散生马尾松、灌丛和灌草丛居多，桉树种植较多，果树资源丰富，在光明区、南山区有比较集中的果园，沿海的沙泥岸分布着红树林。

在人口、资金、物流等因素的影响下，以深圳为代表的珠三角地区已成为我国三大城市群之一。珠三角地区在占全国 0.4% 的国土上，聚集了占全国 4.1% 的人口，创造了 9.3% 的 GDP。经过 30 多年的发展，深圳市从一个小渔村发展成为一座常住人口超过 1 200 万的超大城市。但快速的城市化进程也给资源、环境带来了巨大的压力，深圳市的人口在短短的 20 年间从几十万人增长到上千万人，人口的急剧增加和经济的快速增长导致环境的极大破坏，环境污染已成为制约深圳市社会经济可持续发展的重要因素。作为一个新兴的、经济繁荣并充满活力的国际大都市，深圳市理应提早实施可持续发展战略，这是深圳发展中迫切需要解决的问题。2015 年深圳市人均 GDP 为 18.31 万元，居国内副省级以上城市首位。深圳市 2017 年 PM$_{2.5}$浓度 28 μg/m$^3$，有望率先达到世界卫生组织第二阶段标准。2016 年深圳市万元 GDP用水量降至 10.22 m$^3$，处于全国大中城市领先水平。在深圳开展快速城市化生态环境监测与研究将会对中国城市环境探索有着强烈的现实意义。

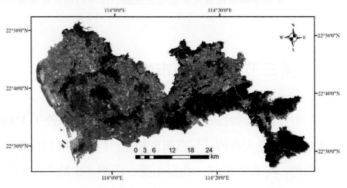

图 1-5 深圳市 2018 年 LANDSAT 真彩色显示结果

深圳市政府各级部门高度重视生态环境保护工作，近年来就生态环境保护做出了一系列重大部署，积极推进生态建设，生态环境保护与建设卓有成效，在改善总体生态环境质量、防止生态环境恶化方面发挥了重要作用。但部分区域生态环境的承载压力和风险仍在增大，面临的形势仍依然严峻。因此亟待进一步开展城市生态安全遥感调查与评估工作，通过系统掌握深圳市生态环境变化趋势，全面掌握深圳市生态安全的现状。深圳市拟开展城市生态安全遥感调查与评估工作，完成覆盖全市的生态环境现状的遥感调查与评价，综合评估生态系统质量和服务功能，明确主要生态环境问题及胁迫因子，提出生态环境保护对策，为深圳市生态文明建设与生态保护提供决策依据，努力把深圳市打造成生态深圳、绿色深圳、海绵深圳和智慧深圳。

# 第二章 城市生态监测遥感处理流程

## 第一节 城市生态监测遥感数据

　　为了有效分析深圳市近年来的生态遥感规律、系统掌握深圳市生态环境变化趋势、完成覆盖全市的生态环境现状的遥感调查与评价、综合评估生态系统质量和服务功能、明确主要生态环境问题及胁迫因子，城市生态遥感监测必须根据城市生态调查的目标、任务和评估指标体系，收集多源卫星遥感数据。为了便于专题应用，对遥感数据进行了图像裁剪、拼接、几何校正和图像融合等预处理。

　　本工作有目的地收集了考察解译数据。遥感数据应选取具备最丰富的生物质量信息和最多样的生物类型信息的季相，以便在提取直接信息的基础上，通过生态学相关分析，提取尽可能多的生态环境信息等间接信息。信息源选择上，对于几百米到几千米尺度范围的区域，可以选用SPOT、LANDSAT、MODIS等遥感数据。

### 一、LANDSAT 数据

　　LANDSAT 是美国陆地探测卫星系统，是目前在轨运行时间最长的光学遥感卫星，成为全球应用最为广泛、成效最为显著的地球资源卫星遥感信息源。从 1972年的第一颗卫星 LANDSAT1，到目前最新发射的 LANDSAT8 卫星，其已经提供了长达 40 多年的对地持续观测数据。LANDSAT8 携带了 OLI 和 TIRS 两个传感器，其于 2013 年 2 月 11 日成功发射，OLI 陆地成像光谱仪总共包括 9 个波段，空间分辨率为 30 m，其中还包括一个 15 m 的全色波段。LANDSAT 数据因其丰富的光谱信息、较高的定位精度、易于获取等优点而在遥感领域被广泛使用。LANDSAT8 的轨道高度 705 km，轨道倾角 98.2°。卫星由北向南运行，卫星每天绕地球 14.5 圈，每 16 天重复一次，即时间分辨率为 16 天。可见与红外波段的分辨率为 30 m，热红外的空间分辨率为 100 m。

OLI 包括了 ETM+传感器所有的波段，为了剔除大气吸收特征，波段进行了调整，比较大的调整是 OLI Band5（0.845~0.885 μm），剔除了 0.825 μm 处水汽吸收特征；OLI 全色波段 Band 8 波段范围较窄，这种方式可以在全色图像上更好地区分植被和无植被特征；此外，还有两个新增的波段：蓝色波段（band 1：0.433~0.453 μm）主要应用于海岸带观测，短波红外波段（band 9：1.360~1.390 μm）包括水汽强吸收特征可用于云检测；近红外 band5 和短波红外 band 9 与 MODIS 对应的波段接近。图 2-1 展示了深圳各个区的 LANDSAT 图像。

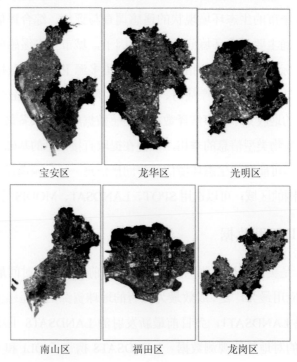

宝安区　　　　　龙华区　　　　　光明区

南山区　　　　　福田区　　　　　龙岗区

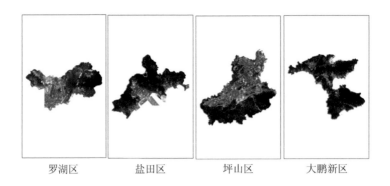

| 罗湖区 | 盐田区 | 坪山区 | 大鹏新区 |

图2-1　深圳各个区的 LANDSAT 图像

## 二、实测地面温度数据和 MODIS 产品

地面数据主要包括两个方面：地表比辐射率数据和地表温度数据。地表比辐射率数据采用实验室内测定数据和野外观测数据，地表温度数据包括深圳市卫星过境时刻的同步观测数据。图 2-2 为测量地表温度和比辐射率的仪器。

图2-2　测量地表温度和比辐射率的仪器

EOS（Earth Observation System）是 NASA（National Aeronautics and Space Administration）的新一代对地观测系统。TERRA 作为该系列对地观测卫星中的第一颗卫星，于 1999 年 12 月 18 日发射升空，上午星 TERRA 每日地方时上午 10:30 过境，与 LANDSAT 卫星的过境时间基本一致；AQUA 作为新一代对地观测卫星的第二颗卫星，于 2002 年 5 月 4 日成功发射，下午星 AQUA 每日地方时 13:30 过境，在数据采集时间上与 TERRA 互补。TERRA 和 AQUA 卫星上均搭载了 MODIS

传感器，所获得的 MODIS 数据"图谱合一"，波段范围较广，共包含 36 个波段，光谱范围从 0.405 μm 一直延伸到 14.385 μm，全光谱覆盖，空间分辨率为 250 m、500 m 或 1 000 m，每 1～2 日可完整扫描地球表面一次，可提供大范围的全球数据，包括云层覆盖的变化、地表辐射能量变化、海洋与陆地的变化过程等。MODIS 的多波段数据可以提供反映陆地表面状况、海洋水色、大气中水汽、气溶胶、地表温度、大气温度、云特性等有用的特征信息，已被广泛应用于生态环境监测、全球气候变化、自然灾害以及全球变化的综合性研究。图 2-3 为深圳市 MODIS NDVI 图像，图 2-4 给出了深圳市 MODIS 月均夜间地表温度图像。

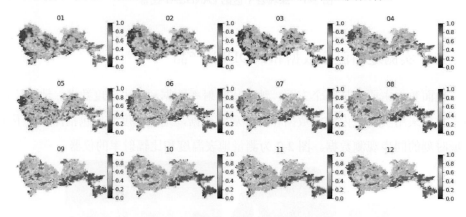

图 2-3　深圳市 MODIS NDVI 图像

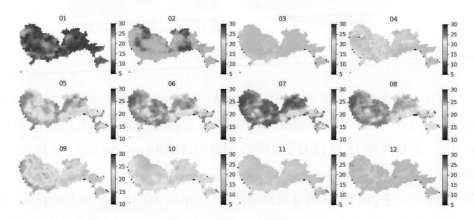

图 2-4　深圳市 MODIS 月均夜间地表温度图像（单位：℃）

## 三、高分辨率数据

高分辨数据采用深圳市地区的 SPOT-6 数据，其包括了不同时段的覆盖深圳市的数据，可用于遥感参数验证。SPOT-6 卫星是法国发射的高分辨率对地观测遥感卫星，成像幅宽为 60 km，全色波段地面分辨率为 2.2 m，4 波段的可见光/近红外影像分辨率为 8 m，并具有沿轨和跨轨大角度俯视成像等特点，在国土调查、资源勘探、作物管理、测绘制图、工程规划、环境监测以及国防等方面具有重要的应用价值。图 2-5 给出了深圳各个区的 SPOT 图像。

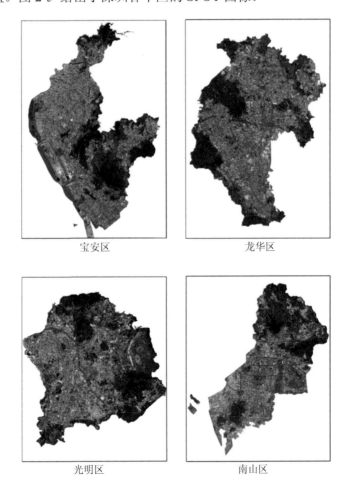

宝安区　　　　　　　　　龙华区

光明区　　　　　　　　　南山区

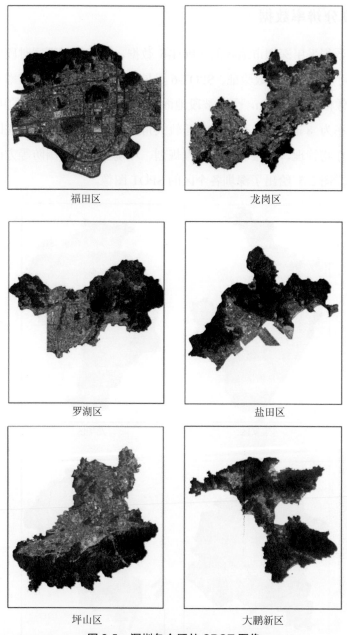

福田区       龙岗区

罗湖区       盐田区

坪山区       大鹏新区

图 2-5　深圳各个区的 SPOT 图像

## 四、地面站点和气象局数据

本书的气象台站实测数据来源于研究区内地面气象台站的长期观测和中国气象科学数据共享服务网中的中国地面气候资料日值数据集、国家气象局国家气象信息中心气象资料室，另外深圳市生态环境监测中心站为本书提供了深圳市的相关气象数据。图 2-6 为深圳市月均降水分布图，图 2-7 为城市观测地面监测站。

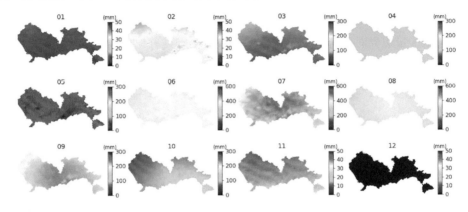

图 2-6　深圳市月均降水分布图

图 2-7　深圳市城市观测地面监测站点

## 第二节　城市生态监测应用图像预处理

数据预处理的过程包括几何校正（地理定位、几何精校正、图像配准、正射校正等）、图像镶嵌、图像融合、图像裁剪、去云及阴影处理和大气校正等几个环节。在几何校正环节，使用从标准数据中选择控制点方式对全色图像进行几何校正，以全色图像作为基准图像配准多光谱图像，将多光谱和全色图像进行融合处理，利用矢量边界对融合结果进行裁剪，最后得到具有地理坐标、较高分辨率的多光谱图像。在城市生态方面，需要进行大气校正以去除大气对图像的影响；几何校正的精度要求会很高，而且处理的一般是高分辨率图像，需要进行正射校正处理。

### 一、大气校正

遥感影像在获取时，需要多次穿过大气层，在定量应用之前需进行大气校正。6S 模型采用了最新近似和逐次散射 SOS 算法来计算散射和吸收，充分考虑了水汽、$CO_2$、$O_3$、$O_2$、$CH_4$、$N_2O$ 等气体的吸收、大气分子和气溶胶的散射作用以及非均一地表特征和地表双向反射特性。辐射传输模型 6SV 是一个能够计算矢量辐射传输的软件包，可以计算 Stokes 偏振分量。6SV 主要考虑了大气偏振的影响，同时增加了对一些新的传感器的支持，整体上说，6S/6SV 模型具有较高的模拟精度，能够适应大多数传感器的需求。

### 二、几何精校正/正射校正

原始遥感图像通常都存在一定的几何变形，几何变形一般可分为系统性和非系统性两大类。系统性几何变形是有规律且可预测的，因此可以应用模拟遥感平台及传感器内部变形的数学公式或模拟来预测，如扫描畸变，即扫描点由扫描线中心向两侧增大，一般原始遥感图像中间压缩，两边拉伸，则根据遥感平台的位置、遥感器的扫描范围、使用的投影类型，可以推算图像不同位置像元的几何位移；非系统性几何变形为不规则变形，由遥感平台的高度、经纬度、速度和姿态等的不稳定，地球曲率及空气折射的变化等引起，一般很难预测。几何纠正的目的就是纠正这些系统性及非系统性因素引起的图像变形，从而使之实现与标准图像或地图的几何整合。图像的几何纠正需要根据图像中几何变形的性质、可用校正数据及图像的应用目的，以确定合适的校正方法。

### 三、辐射校正

由于受遥感器光电系统、大气条件以及图像自身边缘消光等的影响，遥感图像在空间维和光谱维上均会产生严重的畸变。为保证图像拼接任务的顺利实现，需要对所需波段进行校正，其目的在于校正原始图像的畸变，将它们校正到统一的条件下，以生成符合表达要求的新图像。遥感器光电系统引起的畸变具有很高的重复性，可以定期在地面测量其特性，根据测量值对其进行辐射畸变校正；也可以基于图像自身统计特征，很好地消除由于镜头的光学特性的非均匀性引起的边缘消光造成的辐射畸变，这是一种快速校正方法。遥感图像快速辐射校正也可采用相邻列均衡法，它是一种实用的相对辐射纠正算法，这种算法不要求原始图像是均匀图像，在基本不损失原始地物信息的情况下去除了纵向条带效应，取得了很好效果。

### 四、影像镶嵌

当研究区超出单幅遥感图像所覆盖的范围时，通常需要将两幅或多幅图像拼接起来形成一幅或一系列覆盖全区的较大的图像，这个工作即为镶嵌。在进行图像的镶嵌时，需要确定一幅参考图像，参考图像将作为输出镶嵌图像的基准，决定镶嵌图像的对比度匹配，以及输出图像的像元大小和数据类型等。镶嵌的两幅或多幅图像选择相同或相近的成像时间，使得图像的色调保持一致。但接边色调相差太大时，可以利用直方图均衡、色彩平滑等使得接边尽量一致，但用于变化信息提取时，相邻图像的色调不允许平滑，以避免信息变异。图像裁剪的目的是将研究之外的区域去除，常用的是按照行政区划边界或自然区划边界进行图像的分幅裁剪。

## 五、多源数据融合

多源遥感影像数据具有不同的时间、空间和光谱分辨率以及不同的极化方式，通过数据融合技术可以从不同的遥感影像中获得更多的有用信息，补充单一传感器影像的不足。遥感影像融合是按照一定算法对同一地区多源遥感影像进行合成的技术，通过对多源遥感影像信息加以综合，消除影像信息之间可能存在的冗余和矛盾，降低影像信息的不确定性和模糊度，提高影像解译的精度和可靠性，以形成对目标的完整一致的信息描述。

## 六、观测站点数据预处理

植被与大气间的通量交换的准确和长期观测是评价城市生态系统的基础和前提。在深圳市生态环境的研究中，需要大尺度、长期和连续的生物圈—大气间的 $CO_2$、$H_2O$ 和能量通量观测数据的支撑。以涡度相关技术为主体的站点通量观测是揭示生态系统对全球变化响应规律及其反馈机制的最直接手段，是生态系统尺度研究技术的一次重大变革。图 2-8 为深圳市涡度相关观测塔以及潜热与感热 2015—2017 年的月均值。

生态系统通量观测是建立生态系统过程模型的知识和数据来源，可为模型的建立提供假设与验证、机制与关系的认识、模型参数化和模型模拟或预测结果检验的数据支撑。陆地生态系统与大气碳交换通量在不同时间尺度（如日、季节、年度和年代）有完全不同的变化特征，所以准确估计陆地生态系统碳吸收必须进行碳交换通量的长期和联网观测，同时站点尺度的土壤碳储量观测、生物量测量及其他通量观测方法也是碳循环观测的重要内容。

但由于恶劣天气及其他一些不确定性因素（主要是平流）的影响，会导致一定数据的丢失和未记录，在进行观测站点数据分析之前，需要对缺失数据进行插补，并进行能量闭合的纠正，使其满足工作需求。

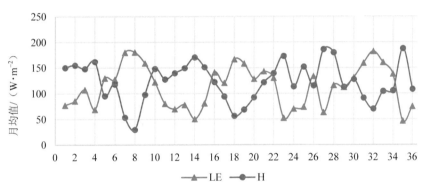

图 2-8 深圳通量塔观测站点以及潜热（LE）与感热（H）2015—2017 年的月均值

## 第三节 城市生态监测遥感处理流程

随着城市化进程的加快，城市生态系统变化更加剧烈，开展城市生态遥感监测，不仅有利于合理保护与利用生态资源，还会保证生态系统完整性。围绕深圳市城市生态遥感监测工作的实际需求，在分析城市生态遥感监测应用产品需求的基础上，开展遥感数据资源在城市生态领域的应用能力和潜力的分析论证；面向城市生态管理不同阶段的业务活动，对多源数据、地面监测数据以及移动终端采集数据等多种数据资源有效融合，实现对城市生态遥感监测应用的潜力和能力分析。

## 一、城市生态监测专题数据产品体系

城市生态监测遥感处理可以从几个方面开展工作：①遥感数据收集与处理。根据城市生态遥感调查的目标、任务和评估指标体系，收集深圳市多源卫星遥感数据。为了便于专题应用，对遥感数据进行图像裁剪、拼接、几何校正和图像融合等预处理。②地面数据获取与处理。开展多次地面调查，掌握了地面观测尺度上深圳市生态系统类型信息和地表参数测量值以及专题区域地面调查数据，为生态环境遥感调查提供重要的地面观测数据。③城市生态监测应用专题数据产品加工。在采集遥感数据源的基础上，按照覆盖范围和性能指标要求，完成城市热岛效应、城市土地利用分类以及城市绿地等专题数据产品的加工处理。④城市生态监测应用精细制图与产品示范系统。根据现有的遥感数据并结合城市生态监测应用的基本特点，接收和发布遥感影像数据、基础空间地理信息数据、模型算法数据、基础产品数据和运行管理数据。

根据深圳城市生态监测应用及任务生产模式，其产品体系如表 2-1 所示。

表 2-1　深圳城市生态监测产品描述表

| 分级 | | 信息产品名称 | 信息产品说明 |
|---|---|---|---|
| 1 级 | 1A 级 | 相对辐射校正产品 | 经过相对辐射校正后得到的辐射亮度值数据产品 |
| | 1B 级 | 绝对辐射校正产品 | 经过绝对辐射校正后得到的辐射亮度值数据产品 |
| | 1C 级 | 大气校正产品 | 在辐射校正产品或经过清晰化处理的辐射校正产品的基础上，经过大气校正后得到的反射率反演结果数据产品 |
| 2 级 | 2A 级 | 系统几何校正产品 | 在相对辐射校正产品的基础上，将校正后的图像映射到指定的地图投影坐标下的数据产品 |
| | 2B 级 | | 在绝对辐射校正产品的基础上，将校正后的图像映射到指定的地图投影坐标下的数据产品 |
| | 2C 级 | | 在大气校正的基础上，将校正后的图像映射到指定的地图投影坐标下的数据产品 |

| 分级 | | 信息产品名称 | 信息产品说明 |
|---|---|---|---|
| 3 级 | 3A 级 | 几何精校正产品 | 经过相对辐射校正和系统几何校正，同时采用地面控制点或参考影像改进产品的几何精度的数据产品 |
| | 3B 级 | | 经过绝对辐射校正和系统几何校正，同时采用地面控制点或参考影像改进产品的几何精度的数据产品 |
| | 3C 级 | | 经过大气校正和系统几何校正，同时采用地面控制点或参考影像改进产品的几何精度的数据产品 |
| | 3D 级 | 融合产品 | 在系统几何校正产品或者几何精校正产品的基础上，得到的全色和多光谱融合数据产品以及多光谱和高光谱融合数据产品 |
| 4～5 级 | | 高级产品 | 在系统几何校正产品或者几何精校正产品的基础上，经过信息反演得到的单一、复合要素的适用于环境生态需要的数据产品 |
| 6 级 | | 专题产品 | 在高级信息产品的基础上经过处理和综合分析，得到的满足环境需要的数据产品 |
| | | 精细化制图产品 | 共享/发布数据 |

## 二、城市生态监测处理数据任务流程

按照城市生态监测应用数据总处理要求，深圳市城市生态监测图像处理任务流程如图 2-9 所示。深圳市城市生态监测系统负责完成生态监测的共性处理工作，包括生态监测应用图像辐射校正、大气校正、几何精校正/正射校正、面向区域的高分图像自动镶嵌、基于城市生态监测应用的多源数据融合、基于城市生态监测应用分类体系的精细制图与产品生产等处理过程，其工作流程如图 2-10 所示。

在得到 1A 级数据（0 级数据经过系统几何校正后得到的数据）的基础上，其处理流程如下：①对 1A 数据进行绝对和相对辐射校正，获取高质量的辐射亮度值数据；②对辐射量度值数据或经过清晰化处理后的辐射亮度值数据进行大气校正/反射率反演，得到地物反射率值数据；③对反射率值数据进行几何精校正/正射校正处理，得到几何信息相对准确的反射率值数据；④经过几何精校正的数据可以用于镶嵌、融合、分类等操作；⑤根据城市生态的具体应用情况，生产具体的应用产品；⑥对各级产品数据进行精细制图，供应用共享和发布。

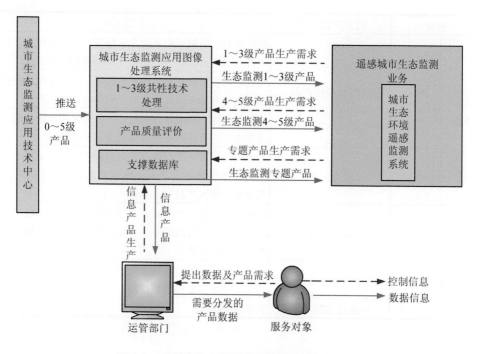

**图 2-9　深圳市生态监测应用数据处理任务流程**

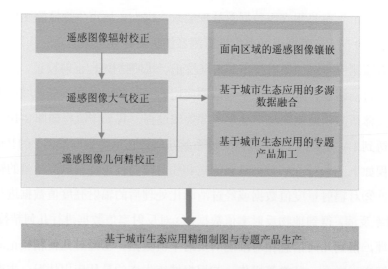

**图 2-10　深圳市城市生态监测应用工作流程**

### 三、生态系统解译标志地面调查

通过样线、样点调查，收集地面尺度上地物生态系统类型及其相关的属性信息，获取用于遥感解译典型的生态系统类型特征。其中生态系统类型主要参考生态系统类型二级类。主要调查指标有地物的生态系统类型、土地利用类型、地物的基本属性、位置、地形地貌。

建立解译标志必须先全面了解遥感影像时相、分辨率、波段组合、影像质量以及判读区成图比例尺、人文地理、土地利用概况，更重要的还需要进行野外实地考察，才能比较准确地建立图像判读解译标志。在野外考察中，依据土地利用分类标准，对遥感图像上室内不易确定的土地利用类型的色调、颜色、图形、位置、纹理、阴影特征及属性，一一填写调查记录表，通过全面观察和综合分析，建立土地利用分类的遥感影像解译标志。

遥感影像只是反映了当时当地土地覆盖的光谱特征，并不能完全反映其土地利用现状。尽管遥感数据目前已具有较高的地面分辨率，对一些地物的识别能够达到一定的准确度，但异物同谱、同谱异物、混合像元以及复杂的地表条件仍会使我们对一些地类的判别存在偏差。影像解译包含了一些主观的成分，解译的成果也不能完全反映实地状况。在室内预解译的图件不可避免地存在错误或者难以确定的类型，为消除这种偏差，必须进行外业核查，同时订正、细化解译标志。

在影像上选择典型的标志建立区的要求是：范围适中以便反映该类地貌的典型特征，尽可能多地包含该类地貌中的各种基础地理信息要素类且影像质量好。标志区的选取完成后，寻找标志区内包含的所有基础地理信息要素类，选择各类典型图斑作为采集标志，然后去实地进行野外校验，对不合理的部分进行修改，直到与实地相符为止。同时拍摄该图斑地面实地照片，以便于影像和实际地面要素建立关联，表达遥感影像解译标志的真实性和直观性，加深使用者对解译标志的理解，增加对研究区实地情况的了解。通过野外考察建立地面认知与影像特征的联系，有助于较好地掌握生态环境的地域分布规律和影像判读特征，建立遥感影像解译野外标志数据库，为生态环境分析工作的开展积累了丰富的资料。

在建立解译标志过程中，首先从总体上对两种影像的色调、图形结构、纹理等特征预先分析判读，形成初步认识；其次，根据已有城市土地利用图以及文字资料，对可准确判定的各种城市土地利用类型表现的影像色调、图形结构与纹理特征，或不同的影像色调、图形结构与纹理特征代表何种城市土地利用类型，以及不同地类之间的空间相互关系，进行全面认识；在此基础上，根据分类体系建立影像解译标志。在应用解译要素确定城市土地利用类型单元时，应注意用地的围合，保证单元内土地使用功能、使用强度、土地利用方向的相似性和单元之间的差异性。有清晰线状边界的依照边界走向围合；如果边界为过渡带，范围较大，边界不明显，而单独另行分类又特征不足，则按照综合分析方法识别。

## 四、城市生态监测应用数据分发

根据用户现有的数据，结合所建系统的基本特点，城市生态监测系统的数据大致可以分为接收遥感影像数据、城市生态监测数据、基础空间地理信息数据、模型算法数据、基础产品数据、信息产品数据、运行管理数据。

系统设计将遵循以下原则：①分层设计原则，将逻辑处理和界面控制、人机交互处理分离，以提高代码和模块的重用性；各子系统中和各子系统间的相似功能采用共用的模块进行处理，将公用的部分封装成通用的应用服务供其他系统调用；将界面和逻辑处理分离，按各子系统的要求进行设计和开发；②易用性原则，所有功能面向的业务人员计算机水平不一定都很高，需要提供自动或半自动化的易操作人机交互方式；③灵活性原则，功能的实现要易修改和易配置，能很容易地实现功能定制和修改；④易扩展原则，系统框架的设计和核心模块的设计，需易于扩展，以满足将来项目功能扩展的需要；⑤详略得当原则，系统中较常见，以前做过，以及容易理解和实现的功能，设计尽量简略，而对于系统中的核心功能、用户比较关注的功能设计应尽量详细。

应用架构的整体设计采用当前业界内主流的 UP 思想（统一软件过程），对关键功能用例选取并结合非功能性需求中所隐含的关键质量和约束，通过概念性架构设计与细化架构设计，完成对整个系统的架构模式定义以及开发、运行、部署与逻辑架构的描述，即所谓的"5 视图"表述法则。通过整体架构设计，也为后继的详细设计与开发提供指导性工作意见，明确工程包划分、关键接口定义、第三方框架选用以及配置文件，为开发人员提供明确的关键思路，同时也为最终的系统安装部署与系统集成定义相应的规范。整个系统从逻辑上分为数据服务层、应用服务层、逻辑处理层、界面控制层和应用表现层。系统软件设计采用分层架构技术，以通用性、稳定性定层次，同一层次以功能划分包，以上层服务为导向，逐级设计，逐步细化平台组件的颗粒度。

# 第三章　城市热环境遥感监测

## 第一节　城市热环境遥感监测理论基础

地表温度是地表能量平衡的表现形式，它蕴含了丰富的地学信息，是地气界面间的能量计数器。改变地物温度的因素，除了地物本身的热过程外，还有能量与质量的输送（显热交换与潜热交换），这几种热交换过程交织在一起，构成了与地表温度间的复杂关系。地表温度是地表能量交换的核心信息，它直接影响着大气、海、陆之间的显热交换和潜热交换。作为环境温度之一的空气温度有着较为复杂的热量来源，空气不仅能从射向地球表面的太阳吸收热能，而且也能从地表通过大气湍流和非大气窗口反射的太阳辐射中吸收热能（约占空气获得的总热能的 2/3）。影响城市热环境的因素众多，宏观的如气候变化、大气污染，微观的如工业区的热排放、交通工具的热排放等。城市景观及其格局是城市热环境形成的最核心的因素，城市热环境是城市景观格局的最核心的生态环境过程之一。热环境的定量反演，对于揭示城市景观的生态环境过程、研究格局与过程之间的作用机制等都具有重要的意义。

城市地表温度反演已经成为当前研究的热点之一。对于城市而言，其下垫面性质、人类活动、局地气候等复杂多变，地表温度的形成同时受到多种因素的共同作用。目前，由城市热岛而导致的城市热环境问题，已经成为城市环境研究中具有理论和实践双重意义的课题之一。地表温度作为研究城市热环境的有效手段之一，其定量反演的成果将对城市生态环境过程、城市生态环境评价和城市规划等方面的研究具有重要意义。图 3-1 给出了深圳市 2017 年城市热岛强度空间分布以及 2010—2017 年空气温度站点数据。

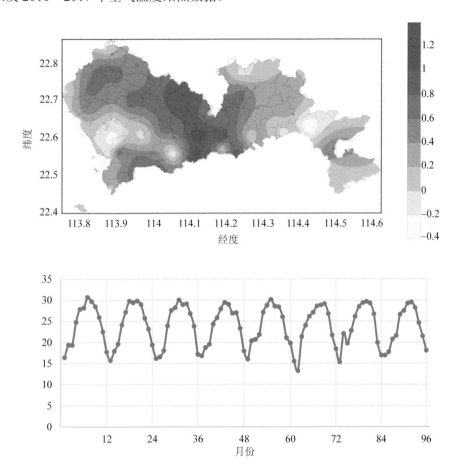

图 3-1 2017 年深圳城市热岛强度空间分布（来源于深圳市气象局）
以及深圳市 2010—2017 年空气温度站点数据（单位：℃）

采用辐射传输方程法获取地表温度，辐射传输方程法是反演地表温度的传统方法，又称大气校正法。它通过模拟地表热辐射经过大气的影响到达卫星传感器并接受的整个过程，依次消除或减弱大气对于地表热辐射的影响，从而求得真实的地表温度。其基本思路为：首先利用与卫星过境时间同步的实测大气探空数据来估计大气对地表热辐射的影响，然后把这部分大气影响从卫星高度上传感器所观测到的热辐射总量中减去，从而得到地表热辐射强度，再把这一热辐射强度转化为相应的地表温度。首先将热红外辐射信息转化为亮温：

$$T_b = \frac{K_2}{\ln[(K_1 / L) + 1]} \tag{3-1}$$

式中，$L$ 是辐亮度；$T_b$ 是亮温（Kelvin）；$K_1$ 和 $K_2$ 是预设的常量。

亮温可以通过地表比辐射率校正为地表温度。

$$LST = \frac{T_b}{1 + (\lambda \times T_b / \rho)\ln \varepsilon} \tag{3-2}$$

$$\rho = \frac{h \times c}{\sigma} \tag{3-3}$$

式中，LST 是地表温度（K）；$\lambda$ 是发射波长（$\lambda$=11.5 μm）；$\sigma$ 是波尔兹曼常数（$1.38 \times 10^{-23}$ J/K）；$h$ 是普朗克常量（$6.626 \times 10^{-34}$ Js）；$c$ 是光速（$2.998 \times 10^8$ m/s）；$\varepsilon$ 是地表比辐射率。

地表比辐射率反演采用了 NDVI$^{TEM}$ 方法，该方法考虑了不同 NDVI 值情况下地表比辐射率的估计：

（1）像元 NDVI 值小于 0.2 的情况下，研究区可以被看作裸地，发射率可以通过红外波段的反射率值获得；

（2）像元 NDVI 值大于 0.75 时被看作植被完全覆盖区，地表比辐射率值可以假设为一个 0.99 的常数；

（3）像元 NDVI 值为 0.2～0.75 时，研究对象被看作裸土和植被混合区。实际大多数研究区是这样的情况，这时可以通过式（3-4）来估计混合像元的ε：

$$\varepsilon = \varepsilon_v P_v + \varepsilon_s (1 - P_v) + \mathrm{d}\varepsilon \tag{3-4}$$

式中，$\varepsilon$ 是地物发射率；$\varepsilon_v$ 是植被发射率；$\varepsilon_s$ 是土壤发射率；$P_v$ 是植被构成比例，它采用估计方法确定。

$$P_v = \left( \frac{NDVI - NDVI_{min}}{NDVI_{max} - NDVI_{min}} \right)^2 \tag{3-5}$$

NDVI 大于 $NDVI_{max}$ 时，可以被认为是植被完全覆盖，此时 $P_v=1$；NDVI 小于 $NDVI_{min}$ 情况下被认为是完全裸土，取 $P_v=0$。对于 $d\varepsilon$，通过经验公式估计为：

$$d\varepsilon = (1 - \varepsilon_s)(1 - P_v)F\varepsilon_v \tag{3-6}$$

$F$ 是一个形态参数，取不同几何分布情况下的平均值为 0.55。结合以上式子，LSE 方程式可以表示为：

$$\varepsilon = \varepsilon_v F[P_v(\varepsilon_s - 1) + (1 - \varepsilon_s)] + P_v(\varepsilon_v - \varepsilon_s) + \varepsilon_s \tag{3-7}$$

地表各种入射辐射和出射辐射的矢量总和构成了净辐射，其是地表温度决定性因子：

$$R_n = S + LE + G - A \tag{3-8}$$

式（3-8）为地表能量平衡方程，其中 $R_n$ 为空气获得的净辐射通量；$S$ 为大气湍流所引起的显热通量；$LE$ 为地表水分蒸发蒸腾所引起的潜热通量；$G$ 为土壤性质控制的土壤热通量；$A$ 为人为活动产生的热通量。由此可见，地表温度不仅取决于 $R_n$，还取决于热量平衡中的其他四个分量，地表温度能反映地表热量平衡方程中各分量的信息。已有研究表明，随着城市化程度的提高，城市建成区的 $LE$ 趋向于下降，而 $S$ 则趋向于上升，这一趋势使得城市的地表温度格局发生显著变化。地表温度的定量反演成果将推动城市热岛、全球变化和全球碳平衡等各项领域研究的进展。图 3-2 给出了城市热量平衡收支示意图及广东省各市区人工热源和大气光学厚度分布。

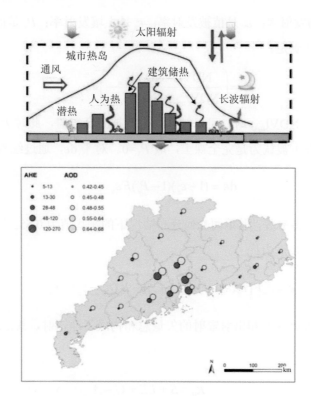

**图 3-2　城市热量平衡收支示意图及广东省各市区人工热源和大气光学厚度分布**

**（数据来源于卫星遥感产品反演结果）**

随着城市地区地表温度、NDVI 以及气温降水等参数的变化，城市地表热通量空间格局必然发生改变。在快速城市化的地区，地表热通量往往伴随不透水面的升高而升高，地表不透水面空间格局的改变必然引发地表热通量空间分布格局的改变。当前，城市热场地表热通量时空变化还未引起足够的重视并进行深入的研究，城市中不同的土地利用类型也可能对地表热通量产生显著影响，有待于进一步评估。

遥感方法是从植被生产力形成的生理过程即光合作用出发，根据植物对太阳辐射的吸收、反射、透射及其辐射在植被冠层内及大气中的传输，结合植被生产力的生态影响因子，在卫星接收到的信息之间建立完整的数学模型及其解析式进行遥感信息与环境因子的反演。利用遥感手段获得各种植被参数，结合地面调查，完成植被空间分类和时间序列分析，随后可分析城市生态系统碳的空间分布及动态，适用于大尺度范围内的植被碳库的变化研究。

利用多光谱遥感数据，把影像图的灰度分布转换成反射率、指标指数和地表温度分布（包括比辐射率和环境辐照度的订正），结合地面观测站的太阳辐射观测值，我们可以计算出每个像元的地面净辐射值。关键的步骤是利用分解混合像元的地表温度、反照率和地表净辐射，以获得植被冠层的净辐射和表面温度，并可以根据两层模型的分层能量切割法计算出地表的蒸散分布。图 3-3 为城市地表蒸散的计算流程图，图3-4 给出了深圳市卫星遥感反演的月均蒸散分布图。

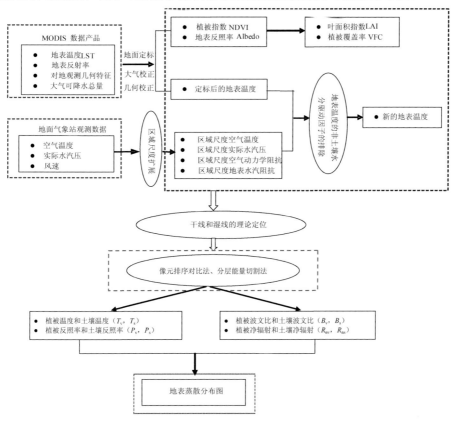

**图 3-3 城市地表蒸散的计算流程**

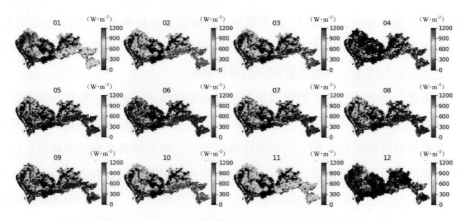

图 3-4　深圳市卫星遥感反演的月均地表蒸散分布

# 第二节　城市热环境遥感监测结果分析

## 一、陆地卫星遥感监测

以深圳市城区为例，采用遥感数据反演或估算地表温度、植被指数以及地表通量等变量，不仅采用传统地表温度理解城市热岛现象，还着重分析城市建成区和郊区地表通量空间分布格局及其与地表温度的关系，通过地表温度、植被覆盖、能量通量以及蒸散发之间的相互关系分析与表达城市热岛效应的空间分布特征，深入理解其内在物理机制及产生根源，为缓解及治理城市热岛效应提供科学的决策依据。

利用遥感技术揭示城市空间结构和城市规模的发展与变化，有助于引导城市朝着健康的方向发展，提高人居环境质量。图 3-5 给出了一景 2018 年 10 月的 LANDSAT 图像生成的卫星过境时的地表温度 LST 制图结果。图 3-6 给出了 2018 年 10 月深圳市各区平均地表温度的统计值。图 3-7 和图 3-8 给出了 2018 年 10 月深圳市各区建筑物与植被地表的平均地表温度以及差值。

从地表温度图像上可以发现，城市中心的温度明显要高于郊区，高温区主要分布在城市中心区的城市建筑和交通运输干道上，如居民生活区、繁华商业区、工业区等，这些地方主要是由金属、沥青、水泥等不可渗透材料构成的，而且人口密度相对较大，人为活动频繁，产生的热量较多。水面、公园、绿地与农田等对应温度则较低。

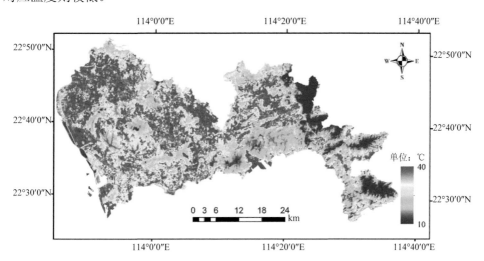

图 3-5 2018 年 10 月深圳市 LANDSAT 图像生成 LST 结果

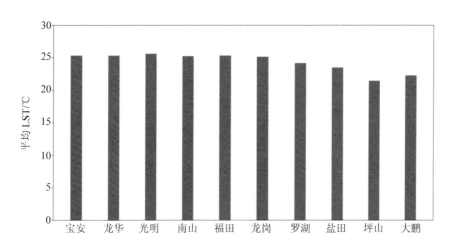

图 3-6 2018 年 10 月深圳市各区平均 LST

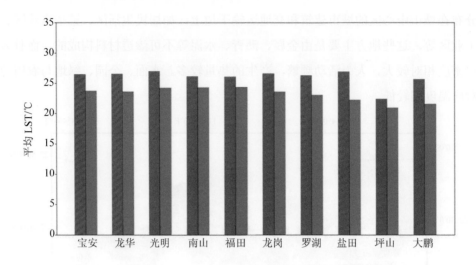

图 3-7　2018 年 10 月深圳市各区建筑物与植被地表的平均 LST

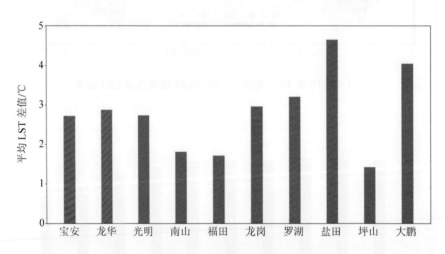

图 3-8　2018 年 10 月深圳市各区建筑物与植被地表的平均 LST 差值

　　分析可知，深圳市地表温度空间上维持"西强东弱"分布，城市热岛较弱的区域仍主要位于中、西部的福田区北部、南山区、宝安区，以及东部的盐田区东部、龙岗区北部和坪山区、大鹏新区等区域。按行政区划分可以看出，坪山区和大鹏区地表温度较低，这是因为其植被覆盖度比较高；同时可以看出作为主城区的福田由于高植被的原因，地表温度也比较低。

图 3-9 给出了一景 2018 年 12 月的 LANDSAT 图像生成的卫星过境时（约上午 10：40）的地表温度 LST 制图结果。图 3-10 给出了 2018 年 12 月深圳市各区平均地表温度的统计值。图 3-11 和图 3-12 给出了 2018 年 12 月深圳市各区建筑物与植被地表的平均地表温度以及差值。

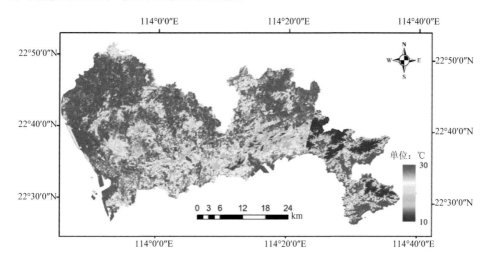

图 3-9　2018 年 12 月深圳市 LANDSAT 图像生成的 LST 结果

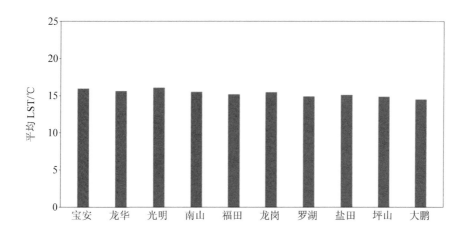

图 3-10　2018 年 12 月深圳市各区平均 LST

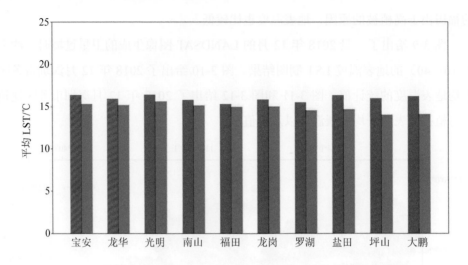

图 3-11　2018 年 12 月深圳市各区建筑物与植被地表的平均 LST

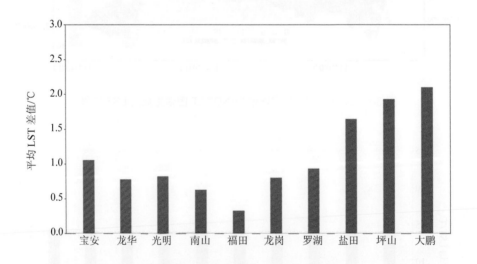

图 3-12　2018 年 12 月深圳市各区建筑物与植被地表的平均 LST 差值

深圳市 12 月的城市热岛强度稍低于 10 月，地表温度空间上依然维持"西强东弱"分布，城市热岛较弱的区域仍主要位于中、西部的福田区北部、南山区、宝安区，以及东部的盐田区东部、龙岗区北部和坪山区、大鹏新区等区域。坪山区和大鹏区地表温度较低，这是因为其植被覆盖度比较高，作为主城区的福田由于多植被的原因，地表温度也比较低。城市建成区与周围林地和农田的热环境存在显著的差异，深圳市建成区的轮廓非常清晰，建成区与郊区之间的边界明确。由于大部分地表下垫面为柏油或水泥等不透水层，城市建成区的地表温度明显高于郊区植被覆盖区域。

2018 年深圳城市热岛比 2017 年略有降低。城市热岛强度较 2017 年升高的区域主要是宝安区、光明新区和大鹏新区，升幅不是很明显。图 3-13 为深圳市 2018 年 10 月各个区的地表温度分布图。城市和郊区温度的显著对比揭示了有明显的城市热岛效应的存在。在深圳市内部，城区地表温度要明显高于郊区，特别是在福田区和罗湖区的老城区，形成了整个城市的热岛中心。在南山区南部形成几个高温中心，这些地方主要是由水泥硬化地面组成，植被覆盖较差。在罗湖区和福田区，高温中心呈孤岛状镶嵌在城市中心；而盐田区由于植被覆盖较好，高温中心相对较少。

可以看出，如果高度重视城市结构布局，使之有大面积绿地水体散布在建筑群中，并把高能耗企业分割包围，同时通过技术革新，大大减少工业和城市的温室气体排放量，那么城市热岛现象肯定会得到大幅度的缓解。缓解城市热岛效应是完全可能的，深圳市中心地区由于植被覆盖度高，其热岛强度就明显低于郊区。凡是环境绿化建设较好的区域，扩展范围就比较小。

缓解城市热岛效应的最有力措施有：①重视企业环境的绿化，大幅度提高城市植被覆盖率，合理布置绿化带、绿化片并注意乔、灌、草的合理搭配；加强城市水域的保护，改善内河环境，促进湿地的保护工作；②合理控制城市规模，防止人口过度集中于城区，有条件的引水入街，在人口密集的商贸和交通枢纽附近修造人工湖、喷泉、瀑布观赏池等水体建筑。

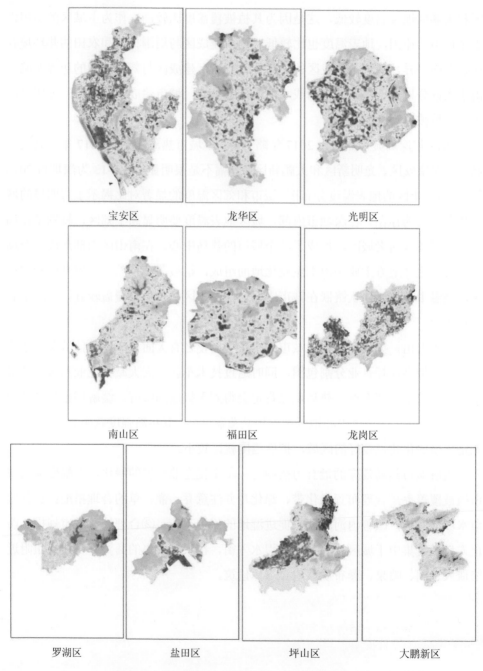

宝安区　　　　　　　龙华区　　　　　　　光明区

南山区　　　　　　　福田区　　　　　　　龙岗区

罗湖区　　　　　盐田区　　　　　坪山区　　　　大鹏新区

图 3-13　2018 年 10 月深圳市各区的地表温度分布

　　图 3-14 给出了一景 2018 年 10 月的 LANDSAT 图像生成的卫星过境时（约上午 10：40）的地表比辐射率（LSE）结果。图 3-15 给出了一景 2018 年 10 月的 LANDSAT 图像生成的卫星过境时（约上午 10：40）的地表反照率（Albedo）制图结果。

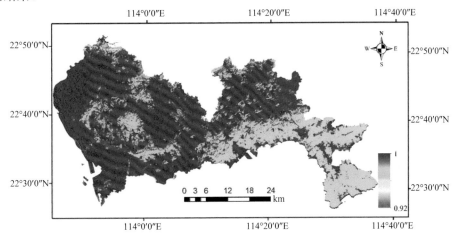

图 3-14　2018 年 10 月深圳市 LANDSAT 图像生成的 LSE 结果

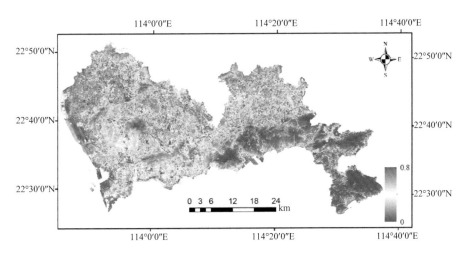

图 3-15　2018 年 10 月深圳市 LANDSAT 图像生成的 Albedo 结果

　　在所有的城市土地覆盖类型中，城市植被的热环境效应显著区别于其他类型。

从物理构成来看，城市植被主要包括大量的树木和草地。由地表热量平衡原理可知，植被具有较大的热惯性和热容量以及较低的热传导和热辐射率。在太阳辐射下，由于吸热面和储热面较多，水泥路面和建筑物表面储存的热量要多于绿地。城市中植被覆盖的分布状况对城市热环境的发展具有强烈的影响，因此，对城市热环境与植被覆盖定量关系的研究，具有重要的实践意义。

城市建成区与周围林地和农田的热环境存在显著的差异，尤其在地表温度、蒸散发以及潜热通量空间分布中，深圳市建成区的轮廓非常清晰，建成区与郊区之间的边界明确。由于城市建成区大部分地表下垫面为柏油或水泥等不透水层，所以其地表温度明显高于郊区植被覆盖区域。同时可以发现主要道路与片状的建筑也具有明显的差异。由于只有不透水层的表层水分可以形成蒸发，土壤中的水分难以变成水汽扩散到大气中，同时也没有植被的蒸腾作用，使得城市建成区的蒸散发量相对于具有植被覆盖的郊区而言显著降低，从而导致城区的潜热通量也明显减少，隐式表达地表蒸散发能力的蒸散发因子也显示了相似的空间分布特征。另外由于地表没有植被覆盖，地表粗糙度减小，容易形成强烈的大气湍流运动，从而导致城市建成区的感热通量相对于郊区显著增加。城市建成区地表不透水层的固有特征也阻碍了土壤与大气之间的水分与能量交换，只有很薄的地表表层能够真正参与能量与水分循环，而且其保持能量的能力较弱，使得城市建成区地表能量的吸收与释放速度明显加快，表现为较高的土壤热通量。

空间分析结果表明高植被覆盖区域呈现显著的地表温度低值，这些地区的蒸散发、潜热通量表现为明显的高值，形成城市热岛中的绿岛，主要原因是大量绿地的存在，植被的蒸腾作用消耗了大部分的能量，增加了地表水分的蒸发与散发。进一步分析发现上述区域的地表反照率比建成区明显偏低，说明公园中的绿地吸收了更多的热量，而主要由建筑物和柏油水泥等不透水层组成的区域反照率显著偏高，将太阳辐射更多地反射到大气中，增加了大气温度，形成热岛效应，从而导致较高的地表温度与较低的潜热通量值。由于大部分能量被植被用于蒸腾作用，只有少部分能量被重新输送到大气中，从而形成感热通量在公园地区的相对低值，同样由于植被的存在，土壤层的能量吸收和释放并不如不透水层地表那样剧烈，因此土壤热通量在公园地区保持在较低的水平。

　　可以看到城市建成区道路的地表温度、蒸散发以及潜热通量具有不同的特征，尤其是深圳内城区域的环城公路，通过调查发现其原因是道路均有高大树木覆盖，与不透水层的热环境具有显著不同的特征。城市热环境受到城市内部各要素综合变化的影响，形成机制非常复杂。从深圳热环境空间特征的演变来看，城市建成区快速扩展是热岛范围增加的根本原因。城市热岛最显著的特征就是城乡温度差异显著。正是由于城市景观取代了农村景观及其一系列相关变化导致热辐射、热存储和热传导模式都发生了变化。因此，城市建成区范围的扩展是导致城市热岛范围扩大的最直接、最根本的原因之一。人为措施改变了热辐射和热存储模式，是热环境强度降低最有意义的因素。植被分布面积的增加无疑对城市热环境强度的降低具有非常积极的作用。植被除了能够缓解城市热环境强度外，还具有其他很多生态效应，所以通过增加植被覆盖率的措施具有很重要的意义。

　　由于研究的重点是城市绿地对地表热耗散的贡献，因此在这里试图分析地表单位面积热耗散能力（LE/FVC）与植被覆盖度（FVC）的关系。研究区域的研究模型，均呈现出了随着 FVC 的增大，LE/FVC 呈急剧下降的趋势。可以观察到，非常小的城市绿地覆盖的地区（FVC 小于 4%～8%），往往比那些相对较高的城市绿地覆盖率的地区有着更强的单位面积热耗散能力。这表明高密度建筑区的城市绿地小斑块会产生更多的相对潜热能量，可以更有效地缓解城市热辐射。这一现象可能与高大建筑物和水体所形成的平流现象有关，类似的结论也被相关的研究所报道，他们认为高密度城市区域的绿地有着更高的潜热生成能力。

　　为了使城市热调节评估研究对于不同的模型和不同的城市场景具有可重复性和说服力，可以引入一些更加具体的分析方法。一种可靠的区域分析方法也用于支持前面的结论，区域分析方法用来分析每增加 1% FVC 时平均 LE/FVC 的变化情况。类似于上面的研究，我们发现平均 LE/FVC 和 FVC 之间也有着良好的统计关系（图 3-16），这进一步说明了城市绿地在低覆盖区域可以展现出更强的通过 LE 减少城市热量的能力。对于城市管理者而言，应该在城市热调节中更多地关注一些较小城市绿地覆盖的地区（4%～8%），特别是在高密度的商业区域。

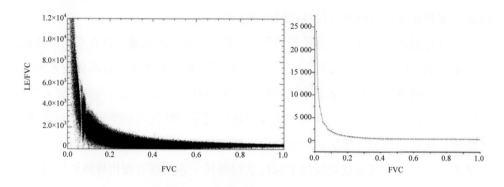

图 3-16　植被覆盖度与地表潜热的关系

## 二、城市热环境长时间序列遥感监测

遥感技术作为一种综合性探测技术，可以实现对城市热岛的空间尺度长时间连续观测，能迅速、有效地揭示其动态变化过程，并预测未来发展趋势。

图 3-17 给出了 2018 年 MODIS 图像生成的卫星过境时（约上午 10：40 时）的 1 km 深圳市月均地表温度制图结果，图 3-18 给出了 2018 年 MODIS 图像生成的卫星过境时（约上午 10：40 时）的深圳市各区的平均地表温度。图 3-19 和图 3-20 给出了 2018 年 MODIS 图像生成的卫星过境时的深圳各区月均建筑物地表温度与植被地表温度以及其差值。

从 2018 年度来看，地表温度在月均变化上依然维持"西强东弱"分布，城市热岛效应较强的区域仍主要位于中、西部的福田区、南山区和宝安区。坪山区和大鹏区地表温度较低，这是因为其植被覆盖度比较高。

全球土地面积不到 3%的城市，消耗了 60%的水资源和 76%的木材，排放了 78%的碳。在中国近 100 座城市中，约 90%的城市生态足迹大于 3，部分城市甚至超过 20，这一现象在珠三角城市群中尤其明显。我们将广东省内各个城市做比较（图 3-21），也可以看出深圳市相对于广州市来说城市热岛效应较低，主要可以归因于两个方面：①深圳市临海，海洋性气候可以显著影响城市热环境；②深圳市政府调控工作比较好，城市绿化有效地降低了城市热岛效应。

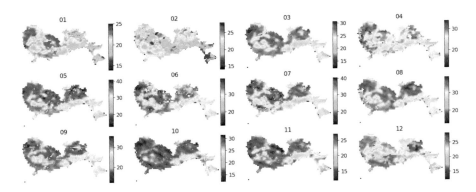

图 3-17 2018 年深圳市月均地表温度（单位：℃）

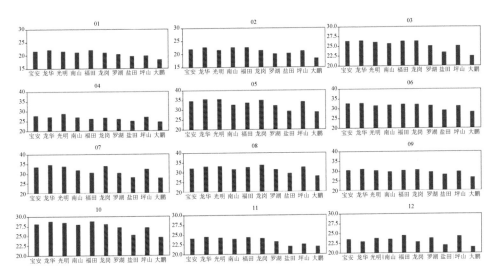

图 3-18 2018 年深圳市各区月均地表温度（单位：℃）

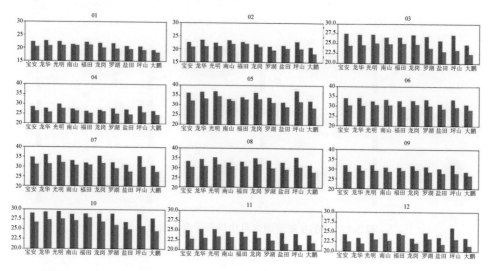

**图 3-19　2018 年深圳市各区月均建筑物地表温度与植被地表温度（单位：℃）**

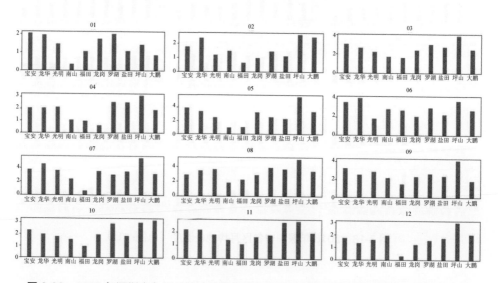

**图 3-20　2018 年深圳市各区月均建筑物地表温度与植被地表温度的差值（单位：℃）**

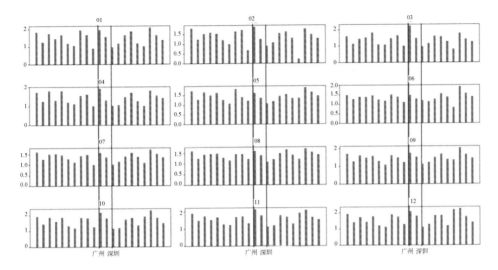

图 3-21 广东省城市群的城市热岛强度（单位：℃）

## 三、体感温度监测

传统的气象服务中，关于夏季高温环境对人体健康影响的研究主要关注温度因素，但除了温度，湿度、太阳辐射和风在内的多种气象因素都会对人体感觉产生影响。体感温度作为评价人体舒适度的一种指标，综合考虑了温度、湿度等多种因素来反映人体对环境温度高低的感觉，已经被证明与城市热健康、室内温度和高温致死率的关系最为密切。因此，基于体感温度指数来评价城市环境对人体健康的影响比单纯的温度指标更合理。

体感温度是以人类机体与周围环境之间热量交换原理为基础，从气象角度评价人在不同环境气象条件下舒适感的一项生物气象指标，其在城市环境气象服务中具有重要地位。高温灾害风险的分布往往具有连续性和空间差异性，运用遥感手段反演体感温度，可以提供比气象资料更好的空间异质度信息，反映体感温度的空间细节变化。

本书结合多源遥感数据与再分析数据，综合考虑气温和湿度两种因素的影响计算深圳市的体感温度指数，利用遥感手段获取深圳市体感温度的空间分布状况，为城市人居环境和城市热岛效应研究提供科学参考。长时间连续观测，能迅速、有效地揭示体感温度动态变化过程，并预测未来发展趋势。图 3-22 给出了 2000—2017 年 1 km 分辨率的深圳市体感温度制图结果，图 3-23 给出了 2000—2017 年深圳市体感温度月均值，图 3-24 给出了 2000—2017 年深圳市各区的平均体感温度。

图 3-25 给出了 2000—2017 年深圳市各区建筑物与植被区体感温度年均值，图 3-26 和图 3-27 给出了 2010—2017 年深圳市各区建筑物与植被区体感温度月均值以及差值。可以看出，城市植被的热环境效应显著区别于建筑物：植被具有较大的热惯性和热容量以及较低的热传导和热辐射率。在太阳辐射下，由于吸热面和储热面较多，水泥路面和建筑物表面储存的热量要多于绿地。城市中植被覆盖的分布状况对城市热环境的发展具有强烈的影响。

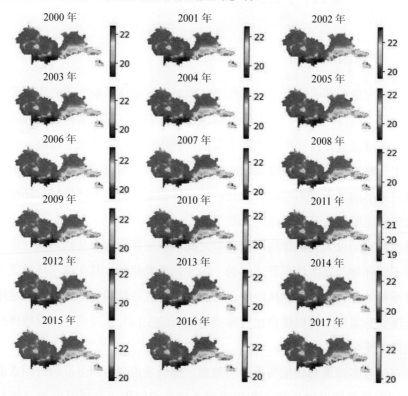

**图 3-22　2000—2017 年深圳市体感温度（单位：℃）**

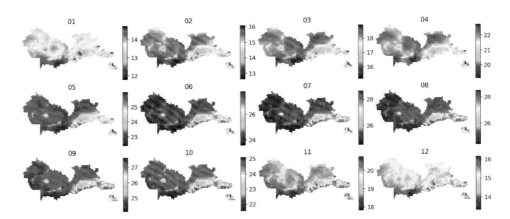

图 3-23　2000—2017 年深圳市体感温度月均值（单位：℃）

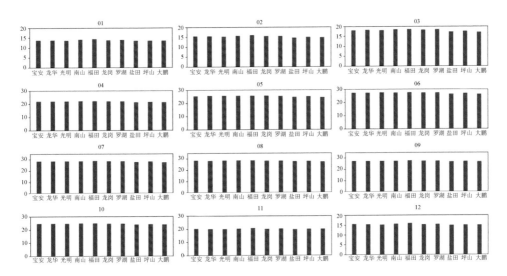

图 3-24　2000—2017 年深圳市各区平均体感温度（单位：℃）

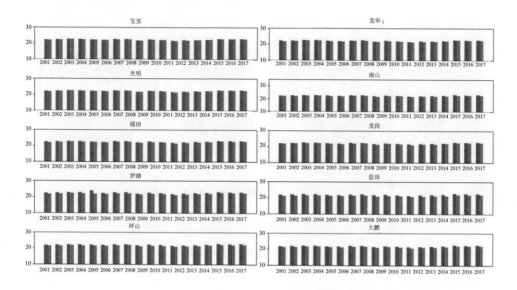

**图 3-25　2010—2015 年深圳市各区建筑物与植被区体感温度年均值（单位：℃）**

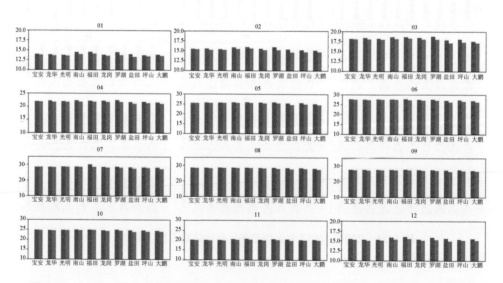

**图 3-26　2010—2017 年深圳市各区月均建筑物与植被区体感温度月均值（单位：℃）**

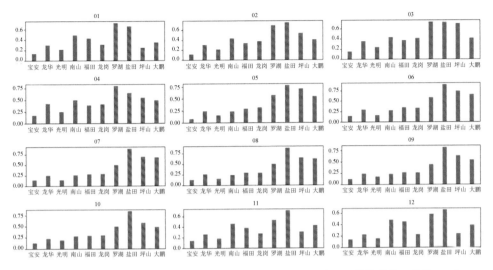

图 3-27　2010—2017 年深圳市各区建筑物与植被区体感温度月均值的差值（单位：℃）

　　深圳市的体感温度主要在 10～30℃ 变化，空间分布上具有显著差异性。东部体感温度较低，在 20℃ 以下；西南部地区体感温度普遍较高，大多在 25℃ 以上。深圳市的城区集中于西部，这部分地区建筑密集，植被覆盖率低，下垫面以不透水面为主，体感温度明显高于周围地区，温度和湿度两方面的共同作用使得整体的体感温度较高。

　　从整体来看，2000—2017 年主城区热岛面积和温度有所改善。由于深圳地处海滨，海陆的热力差异对近地层气温影响较大，深圳的近地层气温分布是海陆作用叠加城市热岛效应的结果。按照传统的定义，深圳的城市热岛空间分布在不同季节和不同时段有较大变化，且城市热岛强度比内陆城市小。通过对深圳市近地表气温和体感温度的分析发现，两者在空间分布上具有一致性但体感温度整体上高于气温。在深圳东南部，体感温度与气温的差异不大，而市中心城区及周围郊区的体感温度明显高于气温，平均可达 5℃ 以上，除了受城市热岛效应影响之外，结合湿度分布情况可以发现，体感温度高于气温的区域其空气湿度也较高，可见在偏热环境中由于湿度的作用，会使得体感温度明显高于气温。利用体感温度和气温的这种分布差异，可为监测城市湿热环境对人体舒适度和健康状况的影响提供科学的参考。

在炎热的夏季，人体不舒适度指数在夏季午后达到峰值，而在日出前各下垫面的不舒适度达到最低值。林地、灌丛及水体等植被能够有效提高人体的热舒适度。虽然草地在高温时段对人体舒适度改善程度比较有限，但在大部分时段内草地还是具备较好的热舒适改善能力。对于夏季高温湿热的深圳，建议增加林地、灌丛及水体等下垫面面积，以缓解夏季高温带来的不适程度。

## 第三节　本章小结

本章可以得出以下结论：

（1）深圳在各季节均存在城市热岛效应，夏季尤为明显。城市地物间存在明显的地表温度和空气温度差异；城市不同土地覆盖类型的潜热和感热存在较大变化，这些差异对城市热岛的形成和消除具有重要影响。具体来看，深圳市地表温度从西到东逐渐降低，城市不透水面温度显著高于植被覆盖区域，城市热岛效应明显。不透水面和城市植被共同影响深圳市的地表温度与热量收支状况，不透水面积与地表感热具有较好的相关性，城市植被与地表潜热具有较好的相关性。

（2）研究表明，非常小的城市绿地覆盖的地区具有比较显著的热耗散能力。因此，在城市建设实践中，避免不透水面连片集中，同时尽可能增加城市的绿地面积，是缓解城市热岛效应的有效手段。植被覆盖度、建设用地比例、建筑密度、建筑高度等因子在不同季相下显著影响城市绿色空间热缓释，城市热环境舒适度主要受这些因子的影响。因此，在城市绿色空间选址规划时，应充分考虑绿色空间周围的城市环境因子，为进一步降低绿色空间周围的环境温度，提高人体的热舒适度，应尽可能在城市大面积绿地（如公园）周围增加植被绿地，公园周围的建筑密度和建筑高度不应过密、过高，有益于促进公园绿地与周围环境的气流运动和能量交换，进一步发挥城市绿色空间对周围热环境的缓释作用。本书有助于深入理解土地利用格局对城市地表热环境的影响，可以为城市景观格局优化与缓解热岛效应提供基础研究支持。

（3）通过对深圳市近地表温度和体感温度的分析发现，两者在空间分布上具有一致性但体感温度较高。深圳市的体感温度在空间分布上具有显著差异性。东部体感温度较低，西南部地区体感温度普遍较高。深圳市的城区集中于西部，这部分地区建筑密集、植被覆盖率低、下垫面以不透水面为主，导致城市热岛效应显著，体感温度明显高于周围地区，温度和湿度两方面的共同作用使得整体的体感温度较高。从整体来看，2000—2017年主城区热岛面积和体感温度有所改善。除了受城市热岛效应影响之外，结合湿度分布情况可以发现，体感温度较高区域其空气湿度也较高，可见在偏热环境中由于湿度的作用，会使得体感温度明显高于地温。利用体感温度和地表温度的这种分布差异，可为监测城市湿热环境对人体舒适度和健康状况的影响提供科学的参考。

（4）相比于广州（植被覆盖度～70%），深圳市的植被覆盖（～50%）较低，但是两个城市的城市热岛效应差异并不明显。这主要是因为：①气候作用影响较大，深圳市降水显著，削弱了城市热岛现象。②人为规划的作用也不可忽略，深圳市政府在城市绿地规划、城市空气监控等方面工作效果显著。

# 第四章　城市土地覆盖和碳汇监测

## 第一节　城市土地覆盖和碳汇监测理论基础

城市是人类活动最为活跃的区域，是人口密集、能源消耗高、人为碳排放集中的地区。目前城市土地利用变化对生态环境变化、碳源碳汇、碳循环过程的影响已成为土地科学及全球变化研究的热点问题。城市生态系统碳源排放强度远大于其他生态系统，其碳收支强度是同纬度其他生态系统的 2~6 倍。随着快速城市化建设，在人口大量增加、经济高速发展的同时能源消耗快速增长、深圳市土地利用情况发生着重大变化，建设用地占用比例大幅上升，土地利用结构的剧烈变化必然对其生态环境与区域碳循环过程产生重要影响。

### 一、土地覆盖

土地是一个综合的自然地理学概念，是地表某一地段各种自然要素（地质、地貌、气候、水文、植被、土壤等）相互作用及受人类活动影响的自然综合体，是人类生存的基础。合理利用土地、保护和珍惜土地资源是全人类共同的事情。遥感技术在土地利用和土地覆盖研究中的应用主要是围绕类型识别和变化监测两方面展开的。遥感分类方法的提高一直是遥感技术方法研究的重要领域，遥感图像的分类是将图像的一个确定范围内的所有像元按其性质分为若干个类别的技术过程。多光谱遥感图像分类的实质是基于不同类型的地表覆盖在各个波段的光谱反射特性不同的事实，计算各个像元不同波段的灰度值的统计特征，将相似特征进行聚类的过程。

图像分类的目的是将图像中每个像元根据其在不同波段的光谱亮度、空间结构特征或者其他信息，按照某种规则或算法划分为不同的类别。遥感图像分类算法是基于图像分类算法发展的，图像分类技术发展至今日，分类算法已经十分丰富。最简单的分类只利用不同波段的光谱亮度值进行单像元自动分类。另一种分类不仅考虑像元的光谱亮度值，还利用像元和其他周围像元之间的空间关系，如图像纹理、特征大小、形状、方向性、复杂性和结构，对像元进行分类。值得一提的是，在实际分类中，并不存在一个唯一"正确"的分类形式。选择哪种方法取决于图像的特征、应用要求和能利用的计算机资源。

按照是否有已知训练样本的分类数据，可以把它们大致分为非监督分类算法与监督分类算法两大类。监督分类是在已知类别的训练场地上提取各类别训练样本，通过选择特征变量，确定判别函数或判别式，进而把图像中的各个像元点划归到各个给定的类别中去。非监督分类是在没有先验类别知识（训练场地）的情况下，根据图像本身的统计特征及自然点群的分布情况来划分地物类别的分类方法。非监督分类和监督分类的最大区别在于，监督分类首先给定类别，而非监督分类则由图像数据本身的统计特征来判定类别。

## 二、地表覆盖度参数

传统的土地类型主要研究土地本身的自然属性，而为了更好地反映地球表面的自然状态（即地表覆盖状况），地表覆盖研究以土地类型为主题的一系列自然属性和特征的综合体。地表覆盖作为这种综合体研究，它包括的因素可以很多，如土地类型、植被类型；植被冠层密度、植被生长季节的动态特征；生长季节积累的生物量等。地表覆盖有特定的时间和空间属性，其形态和状态可在多种时空尺度上变化，而且产生变化的原因也复杂多样，人类对土地资源利用而引起的地表覆盖变化是全球环境变化的主要因素之一。

植被覆盖度是植物群落覆盖地表状况的一个综合量化指标，是描述植被群落及生态系统的重要参数，其定义为在单位面积内植被（叶、茎、枝）的垂直投影面积所占百分比。植被覆盖度获取的传统方法为实地测量，包括目估法、样方法、样带法、样点法等，但这些方法一般只适用于小尺度植被覆盖度调查，不仅费时、费力，而且局限性较大。遥感技术的发展，为植被覆盖度的获取提供了新的技术手段，尤其是为大范围地区植被覆盖度快速、准确获取提供了可能。目前遥感技术已成为大范围植被覆盖度获取的首要手段，利用遥感技术反演植被覆盖度的方法也得到深入研究与广泛应用，其中最为常用且经济有效的手段就是基于多光谱数据（LANDSAT、SPOT 等）的植被指数。一般来说，植被指数与植被覆盖度均具有较好的相关性。

不同地物产生光谱特征差异是遥感技术区分不同地物信息的理论基础，所以要实现特定地物参量的提取，必须了解相应地物的光谱特征。植被在地球表面所占比例很大，陆地表面的植被常是遥感观测和记录的第一表层，是遥感数据反映的最直接的信息，一直是遥感研究的重点。植被光谱特征是由其组织结构、生物化学成分和形态学特征决定的，而这些特征与植被的发育、健康状况以及生长环境等密切相关。一般而言，健康的绿色植物的光谱曲线总是呈现明显的"峰和谷"的特征。可见光部分的低谷主要是由叶绿素强烈吸收引起。由于叶绿素强烈吸收蓝和红光而相对反射绿光，因此人们对健康植物的视觉效果是绿色的。

卫星数据的红光和红外波段的不同组合非常适合植被研究，近红外波段是叶子健康状况最灵敏的标志，它对植被差异及植物长势反应敏感，指示植物光合作用能否正常进行；可见光红波段被植物叶绿素强吸收，进行光合作用制造干物质，它是光合作用的代表性波段，这些波段包含了 90%以上的植被信息。这些波段间的不同组合方式被统称为植被指数，植被指数的定量测量可表明植被活力，而且植被指数比单波段用来探测生物量有更好的灵敏性。植被指数与叶面积指数、叶重、种群数量、生物量、叶绿素含量等都有很好的相关关系，植物的长势、覆盖度、季相动态变化等直接对应着植被指数的数量变化，采用植被指数便于植物专题研究、绿色植物的遥感监测以及生物量的估算。此外，运用植被指数，在一定程度上有助于减少外界因素带来的数据误差，更利于植物专题信息的提取。

使用最广泛的植被指数，如归一化植被指数（NDVI）和简单比植被指数（SR），主要是基于可见光和近红外波这两个对植被反映最敏感的波段信息。虽然传统的基于植被指数的优势是因为它探索了植被冠层的光谱差异，并且在一定程度上减少了遥感数据中的外来影响，例如，传感器的视角和大气噪声被成功地应用，但基于 2 个光谱波段的植被指数可能会忽略其他波段在估算植被覆盖度的有用信息，并且 NDVI 和 SR 指数在消除土壤背景影响方面的能力较差，NDVI 的饱和点较低，很容易达到饱和。为了弱化土壤背景影响，增强型植被指数 EVI 引入一个反馈项来同时对土壤背景与大气进行订正。

改进的水体指数（MNDWI），在对归一化差异水体指数（NDWI）分析的基础上，对构成该指数的波长组合进行了修改，提出了改进的归一化差异水体指数 MNDWI，分别将该指数在含不同水体类型的遥感影像进行实验，大部分获得了比 NDWI 好的效果，特别是提取城镇范围内的水体。NDWI 指数影像因混有城镇建筑用地信息而使得提取的水体范围和面积有所扩大。MNDWI 比 NDWI 更能够揭示水体微细特征，如悬浮沉积物的分布、水质的变化。另外，MNDWI 可以很容易地区分阴影和水体，解决了水体提取中难以消除阴影的难题。

归一化建筑用地指数（NDBI）源于对 NDVI 的深入分析，NDVI 之所以能有效提取植被，是因为植被在近红外波段上值大于红波段，而其他地物的 DN 值都变小。因此在 NDVI 图像上一般值大于 0 的地物都是植被。由此得到启发，在近红外波波段和短波红外波波段之间除了城镇用地 DN 值走高之外，其他地物 DN 值都变小，图像上 NDBI 值大于 0 的地物被认为是城镇用地。

提取土地覆盖度的研究大都基于线性光谱混合模型。线性光谱混合模型已成功用于从多光谱影像估测亚像元尺度上的植被覆盖度。在线性像元分解模型法中有一个最简单的模型，即像元二分模型。像元二分模型假设像元只由两部分构成：植被覆盖地表与无植被覆盖地表，所得的光谱信息也只由这两个组分因子线性合成，它们各自的面积在像元中所占的比率即为各因子的权重，其中植被覆盖地表占像元的百分比即为该像元的植被覆盖度。因而可以使用此模型来估算植被覆盖度。由于像元二分模型原理与形式都比较简单，因此应用实例很多。基于三个、四个端元混合模型的混合像元分解对植被覆盖度的提取也取得了较为不错的结果。基于运用线性混合模型对 LANDSAT 影像的每一个像元计算植被、土壤及阴影的分量，利用地面实测植被覆盖数据对从影像提取的植被分量进行比较，结果表明该方法对植被覆盖度的估测与实测植被覆盖度相关性较高。

城市下垫面的面积丰度信息是影响城市热环境的关键因素，采用多端元光谱解混思路可以提取城市关键地表（植被和不透水地表）的丰度信息。多端元光谱混合分解模型（MESMA）允许端元数目、类型和光谱不断改变来应对端元光谱变异问题，可以减少城市景观空间异质性对地表面积提取的影响。表征城市生物物理组成的 Vegetation-Impervious-Soil（VIS）模型，认为城市地表由植被、不透水地表及土壤 3 种组分构成。VIS 概念模型光谱混合分解模型（SMA）相结合可提取城市地区的主要地表信息。在实际运行多端元光谱解混模型时，对于每个像元，针对线性光谱混合分析方法运行的分解结果选择符合现实场景的合适的丰度值模型。从这些模型中选择最优分解模型，并将其所采用的端元作为基本端元，分解得到的端元丰度值作为这个像元的最终丰度值结果。MESMA 模型的关键在于确定合适的端元典型光谱及端元组合。在标准线性模型中，端元通常由植被、不透水面、土壤构成。考虑到不透水地表光谱的差异，可将不透水面表示成高反照度和低反照度不透水面两种端元，以得到精度更高的不透水层面积。

## 三、城市碳汇

生态系统与大气之间的净生态系统碳交换量（NEE）可以近似地看作总初级生产力（GPP）和生态系统呼吸（RE）之间的差值。总初级生产力是指生物（主要是绿色植物）在单位时间内通过光合作用途径固定的光合产物或有机碳总量。生态系统呼吸是指生态系统所有生物体（包括消费者和初级生产者）在单位时间内将有机碳转化为 $CO_2$ 的总量。

当前，基于植被光能利用率理论，已发展了众多以遥感数据为驱动变量的 GPP

模型，如 MODIS GPP 算法、VPM 模型和 EC_LUE 模型等，其对站点尺度和区域尺度的 GPP 均有很好的模拟能力。但是，应用遥感数据估算 RE 的研究还很少，除了个别研究基于经验选取某一遥感反演的植被指数（如归一化植被指数）或温度指数（如陆地表面温度）作为 RE 模型的驱动变量。

CASA 模型中 NPP 的估算可以由植物的光合有效辐射（APAR）和实际光能利用率（$\varepsilon$）两个因子来表示，其估算公式如下

$$NPP(x,t) = APAR(x,t) \times \varepsilon(x,t) \qquad (4-1)$$

式中，APAR $(x,t)$ 表示像元 $x$ 在 $t$ 月吸收的光合有效辐射（g C·m$^{-2}$·month$^{-1}$）；$\varepsilon(x,t)$ 表示像元 $x$ 在 $t$ 月的实际光能利用率（g C·MJ$^{-1}$）。

固碳释氧是森林生态系统通过森林植被、土壤动物和微生物固定碳素、释放氧气的功能，作为一种基础且重要的生态功能，对实现生态系统的自我保护和良性循环起着重要的作用。对于绿色植物，固碳释氧指在可见光的照射下，利用叶绿素等光合色素，将 $CO_2$ 和 $H_2O$ 转化为能够储存的有机物，并释放出 $O_2$，维持空气中的碳氧平衡的生化过程。开展植物固碳释氧研究，不仅能够探索植物光合作用的生理机能，而且可为生态环境改善、绿地规划设计等提供重要依据。生态系统服务功能研究是当前国际上的热点和前沿。

根据光合作用化学反应式，植被每积累 1 单位干物质，可以吸收 1.63 单位二氧化碳，释放 1.19 单位氧气。森林固碳释氧量计算公示为

$$G_{固碳} = 1.63 \times R_{碳} \times NPP \times A \qquad (4-2)$$

$$G_{氧气} = 1.19 \times A \times NPP \qquad (4-3)$$

式中，$G_{固碳}$ 为植被年固碳量；$G_{氧气}$ 为年释氧量；$R_{碳}$ 为二氧化碳中碳的含量；NPP 为单位面积林分净生产力；$A$ 为林分面积。

## 第二节　城市土地覆盖遥感监测结果分析

研究城市化进程中土地利用变化驱动下的城市碳汇变化及其碳增汇效应，准确地把握区域土地利用变化与碳增汇的时空特征，提出碳增汇路径与政策，对低碳城市与低碳经济的发展，对城市发展、土地利用和生态空间规划均具有指导和借鉴价值。

图 4-1 给出了一景 2018 年 10 月深圳市 LANDSAT 图像生成的土地覆盖分类制图结果，图 4-2 给出了一景 2018 年 10 月深圳市 LANDSAT 图像生成的不透水层丰度制图结果。可以看出，深圳市植被覆盖图与植被的实际分布情况十分吻合：在市中心除了水面为低值区外，其他低值区主要分布在罗湖区和福田区的老城区内、南山区的滩涂地带以及盐田港码头等地方，然后向城市外围逐渐增加，郊区的植被普遍比市区内好，在城市内部主要是在公园绿地内表现出较高的比例。在主要的交通干线附近，也是植被覆盖度空间分布的一个高值区域，在郊区因有大量的郊野公园而呈现出很高的植被覆盖度。

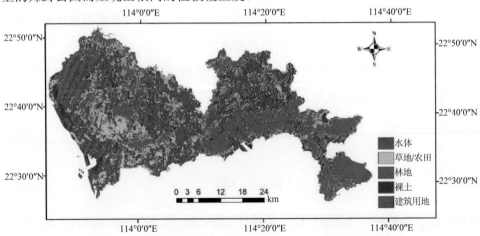

图 4-1　2018 年 10 月深圳市 LANDSAT 土地覆盖分类结果

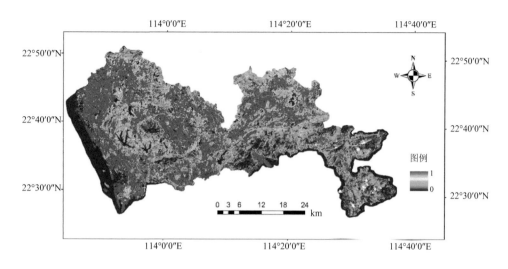

**图4-2 2018年10月深圳市LANDSAT不透水层丰度百分比结果**

　　绿地主要集中分布在经济比较落后的东南部地区，而西部和中部地区因城市建设增长速度快，人口和城镇比较密集，绿地分布相对较少，在这些区域内，绿地主要分布在一些公园和风景名胜区内。此外，深圳市近年来大力发展道路绿化，沿着城市内一些重要的交通要道建设绿化带，在许多大型的道路沿线，植被分布呈现出明显的高值带。

　　遥感图像上的植被信息主要通过绿色植物叶子和植物冠层的光谱特性及其差异、变化反映。不同光谱通道所获得的植被信息的不同要素或某种特征状态有各种不同的相关性。但是，对于复杂的植被遥感，仅用个别波段或多个单波段数据分析对比来提取植被信息有明显的局限性，因此往往选用多光谱遥感数据经分析运算，产生某些对植被长势、生物量等具有一定指示意义的数值，即所谓的植被指数。它用一种简单而有效的形式——仅用光谱信号、不需要其他辅助资料来实现对植物状态信息的表达，以定性和定量地评价植被覆盖、生长活力及生物量等，目前已有多种植被指数应用于实践中。

　　植被指数是主要反映植被在可见光、近红外波段反射与土壤背景之间差异的指标，各个植被指数在一定条件下能用来定量说明城市地物的变化状况。图 4-3

给出了一景 2018 年 10 月深圳市 LANDSAT 图像生成的归一化植被指数 NDVI 制图结果。图 4-4 给出了一景 2018 年 10 月深圳市 LANDSAT 图像生成的归一化建筑用地指数 NDBI 制图结果。图 4-5 给出了一景 2018 年 10 月深圳市 LANDSAT 图像生成的改进的水体指数 MNDWI 制图结果。

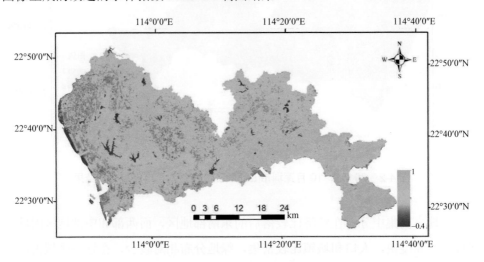

图 4-3　2018 年 10 月深圳市 LANDSAT 图像生成的 NDVI 结果

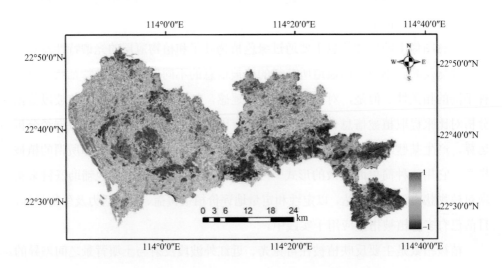

图 4-4　2018 年 10 月深圳市 LANDSAT 图像生成的 NDBI 结果

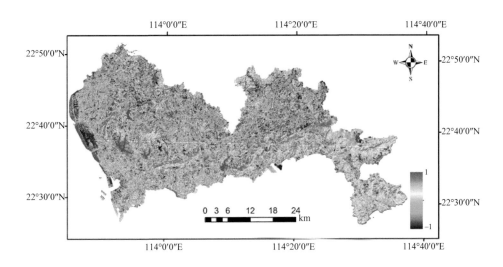

图4-5 2018年10月深圳市LANDSAT图像生成的MNDWI结果

NDVI的高低直接反映了植被覆盖的密集程度。绿色植被覆盖较好的地区，NDVI值较高，呈现为较亮的色调，最高可达到1，而城区和河流这些绿色植被分布极少的区域，其NDVI值多数为负值，色调较暗，在城区中心部位几乎无植被覆盖信息，NDVI值约为0。

在深入分析NDVI的基础上，学者提出了NDBI。与NDVI类似，NDBI值分布为-1～1，建筑物覆盖较多的地区，NDBI值较高，呈现为较亮的色调，最高可达到1，而绿色植被和河流分布极多的区域，其NDBI值多数为负值，色调较暗。

MNDWI值分布为-1～1，河流和湖泊区域，MNDWI值较高，呈现为较亮的色调，最高可达到1，而城区和绿色植被分布极多的区域，其MNDWI值多数为负值，色调较暗。

以遥感为手段，以生态环境监测为目标，开展深圳城市生态环境监测评价，试图为生态学研究提供遥感应用的思路，为进一步应用遥感解决生态学问题奠定基础。遥感植被指数优势在于其时间空间覆盖范围广、时间序列长、数据具有一致可比性，利用不同遥感指数结合地理信息系统的方法对深圳市的土地覆盖做时空动态监测。

面对快速城市化带来的巨大生态压力，深圳市创新性地提出了"基本生态控制线"的概念。在生态控制线的保护下，近年来深圳市一方面集约控制建设用地，另一方面又让市民享受到其他城市少有的市区内多公园、多绿地的良好城市生态。总体来说，虽然在近几十年的城市化进程中，深圳市的经济发展与自然生境矛盾频现，但随着当地政府一系列生态管控及保护政策的颁布，城市化对自然生境的不利影响明显减缓。从另一角度来看，相关政策规定的颁布与实施并不能阻止过度城市化造成的生态破坏，在不透水面侵占生态用地的过程中，政策驱动力只能发挥抑制与延缓作用，局部的整治优化难以根本促进城市总体生态质量的提升。同时，自然生态系统基于其自身的恢复力及弹性，虽然能够在自身遭到破坏时进行自我修复，但过度开发与不加管制终将导致生态失衡。深圳市作为国际化大都市及中国经济、技术发展的先行城市，当前已经进入了城市化进程的平稳阶段，在未来的城市发展中，合理而有力的政策颁布、实施、监管是极为必要的，这对于权衡经济发展与生态保护以及城市生态文明建设有着正向的推动作用。

随着深圳市经济的快速发展和城市化进程的不断加快，深圳市的土地利用发生了明显的变化。遥感可快速、准确地监测区域的变化，从而为土地资源的可持续利用提供合理的决策参考依据。图 4-6 给出了深圳市 2013—2017 年土地变化趋势。通过对深圳市 2013—2017 年多个时相的卫星影像进行信息提取、分析获得了如下的结论：①深圳市 2013—2017 年土地利用类型结构数量动态变化特征为：农田和林地有一定的变化，水体/湿地有所减少，建设用地增加。②深圳市 2013—2017 年土地类型变化存在明显的区域差异，土地利用变化强度是：建设用地＞农田＞水体/湿地/林地＞未利用土地；它们反映了深圳市土地利用变化的基本特点与分布规律。

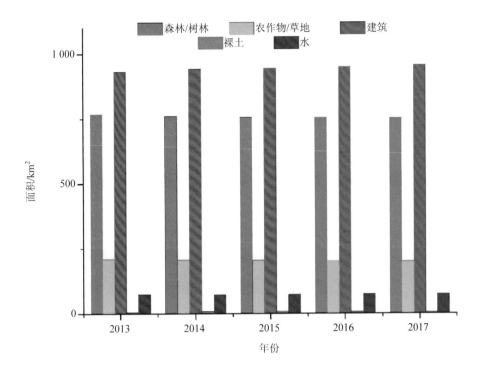

**图 4-6　2013—2017 年深圳市土地变化趋势**

　　分析 2013—2017 年深圳市土地利用类型相互转化情况可以看出，农田和部分林地主要转化为建设用地（不透水层地表）。建设用地增加比较明显，在转化为建设用地的面积中，水体/湿地和未利用土地也占有小部分。

　　2013 年以来，深圳市不透水面面积持续增加。从增长趋势上来看，图 4-7 给出了 2013—2017 年深圳市不透水面面积主要呈缓慢增长趋势。这一现象主要是因为深圳市不透水面面积常年增长，导致不透水面基数较大；同时为了维护城市正常的生态环境，政府对城市规划的宏观调控也使得城市不透水面面积增长受限。

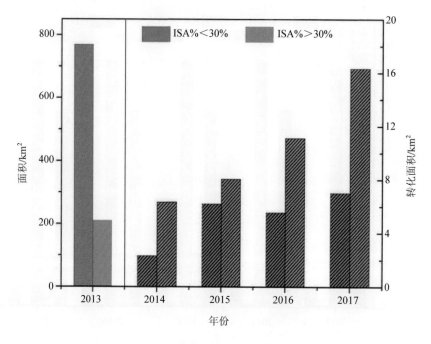

**图 4-7　2013—2017 年深圳市不透水层变化趋势**

　　不透水表面是城市发展的一种典型特征，驱动不透水表面增长和扩展的主要动力来自城市发展对土地利用的功能改变，然而土地利用类型如何驱动不透水表面扩展的定量分析还尚待深入。本书对深圳市城市不透水表面的时空格局变化进行了较为详细的分析，但对于形成不透水表面覆盖度变化的驱动力因素的定量分析以及不透水表面的生态环境效应尚未进行深入探讨，这也是未来的研究重点与方向。图 4-8 给出了 2001—2017 年深圳市各区不透水层分布状况，图 4-9 给出了 2001—2017 年深圳市各区植被分布状况。

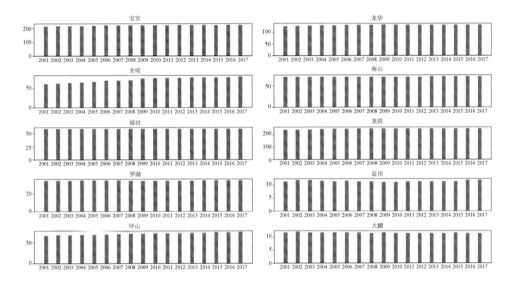

图4-8 2001—2017年深圳市各区不透水层（单位：km²）

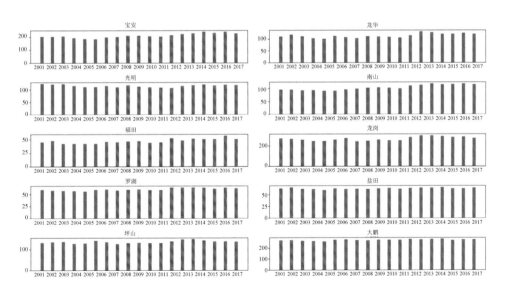

图4-9 2001—2017年深圳市各区植被覆盖（单位：km²）

城市绿色空间是改善城市热环境最有效的方式，这种"降温效应"被认为是重要的城市生态环境调节功能，这种生态服务效益受到众多学者的重视。通过在夏季和冬季对热缓释影响距离内的城市环境进行现场温度实测，探索不同季相下公园热缓释影响范围内公园外部环境温度及人体舒适度的时空格局。研究发现，在夏季和冬季，测点温度较高的地方均位于建筑密集、不透水面覆盖度高且人为热排放较多（主干道）的区域；而测点温度较低的区域主要位于居民区，尽管该社区的建筑密度较大，但建筑高度普遍较低，周围的高层建筑显著降低太阳辐射的照射，且测点周围有较好的植被覆盖，植被通过蒸散作用进一步降低测点周围的环境温度。与温度的空间格局相似，随着距离边界越远，各测点的气温逐渐升高，湿度逐渐降低，不舒适度指数显著升高。不舒适度指数较高的区域主要在交通流量和人流量较大的道路以及建筑密度较大且植被覆盖度较小的居住小区。

从选取植被覆盖率、建设用地比例、建筑密度、建筑高度、天空可视因子以及测点空间位置等城市环境因子，分析不同空间尺度下测点温度和城市环境因子之间的关系。研究结果发现，测点温度受植被覆盖率、建设用地比例、建筑密度、建筑高度、天空可视因子以及空间位置的影响较大，且具有明显尺度效应。为更好地理解城市绿色空间的热缓释效应，分析城市绿色空间的热缓释影响范围内城市热环境的影响因素，有必要对城市环境因子进行归类和分析。回归模型结果表明，不同季相、时相下，模型中各个因子的显著性程度不同，但植被覆盖度、建设用地比例、建筑密度、建筑高度等因子是各回归模型中的最显著变量，说明了不同季相下城市绿色空间热缓释影响范围内，城市环境温度主要受这些因子的影响。因此，在为城市绿色空间选址规划时，应充分考虑绿色空间周围的城市环境因子，为进一步降低绿色空间周围的环境温度，提高人体的热舒适度，应尽可能在城市公园周围增加植被绿地，公园周围的建筑密度和建筑高度不应过大、过高，有益于促进公园绿地与周围环境的气流运动和能量交换，进一步发挥城市绿色空间对周围热环境的缓释作用。

## 第三节　城市碳汇遥感监测结果分析

通过对碳排放的影响因子和碳汇的固碳过程的认识，探寻碳源碳汇形成平衡的机制及其对于城市群生态空间格局的影响，研究城市碳源碳汇空间格局优化的理论与方法，是解决城市环境问题的关键。结合深圳城市碳源碳汇现状特征，用遥感数据和 CASA 模型，计算了深圳城市森林碳汇的总量及分布特征，为城市群低碳规划提供依据和技术支持。

### 一、城市净初级生产力遥感监测

现今中国城市正由单纯追求经济发展向建设美好未来的第二次转型，即建设人性化的城市。由此许多地方提出了建设生态文明城市的目标，这既顺应城市演变和持续快速健康发展的需要，也是未来城市发展的合理模式。城市森林生态系统是地球生物圈的重要组成部分，是维护生态平衡的重要调节器。高速发展的城市化进程带来一系列严重的生态环境问题，使人们对城市森林生态系统的服务功能有了更深刻的认识，即森林资源是实现社会经济可持续发展的先决条件。城市森林生态系统服务功能是森林生态系统与生态过程所形成及所维持人类赖以生存的自然环境的条件与效用，其中森林的固碳释氧服务功能对生态系统价值的贡献最大。

图 4-10 给出了一景 2018 年 10 月深圳市 LANDSAT 图像生成的净初级生产力（NPP）制图结果。图 4-11 给出了一景 2018 年 12 月深圳市 LANDSAT 图像生成的 NPP 制图结果。

深圳市 NPP 在空间上显示"东强西弱"的分布，NPP 较强的区域仍主要分布在东部的盐田区东部、龙岗区北部和坪山区、大鹏区等区域。研究区内 NPP 年总值最大的是森林（包括红树林）。其次是草地 NNP，是城市绿地主要类型之一，体现了典型的南方沿海土地类型特色。由于湿地保护区内实行一定的管理和保护，滩涂周围也有陆地植被分布，其 NPP 值和 NDVI 值都较大。再次就是陆地植被、滩涂区域、海域、河流 NPP 值最小，因其面积小且很少有植被分布。

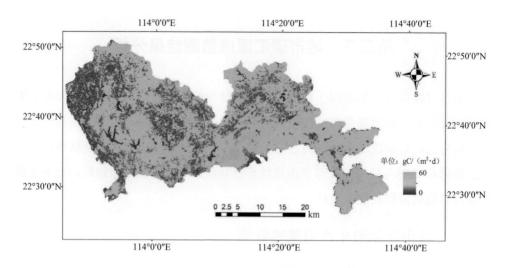

图 4-10　2018 年 10 月深圳市 LANDSAT 图像生成的 NPP

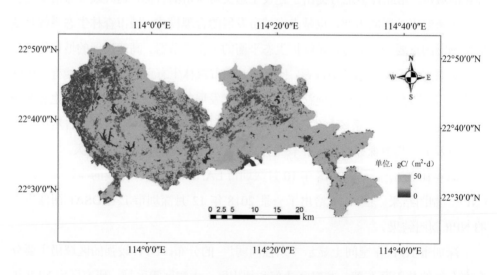

图 4-11　2018 年 12 月深圳市 LANDSAT 图像生成的 NPP

　　长时间 NPP 序列观测有助于分析其年际时空变化，图 4-12 给出了 2001—2015 年深圳市 MODIS 图像生成的年均 NPP 制图结果，图 4-13 给出了 2001—2015 年深圳市 MODIS 图像生成的年均 NPP 针对各种地物的统计信息。

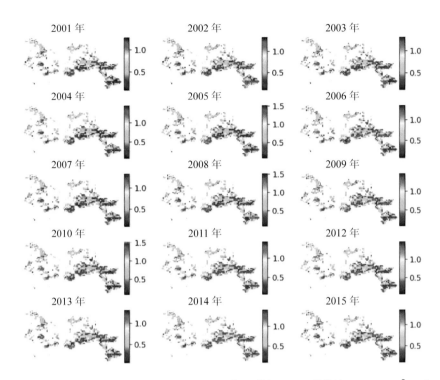

图 4-12 2001—2015 年深圳市 MODIS 图像生成的 NPP［单位：kgC/（m²·d）］

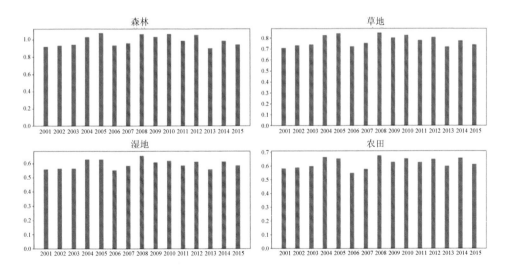

图 4-13 2001—2015 年深圳市 MODIS 图像生成的各地物类型年均 NPP［单位：kgC/（m²·d）］

可以看出，深圳市生态系统各类型单位 NPP 由多到少排序依次均为：森林＞草地＞农田＞湿地。鉴于森林生态系统的 NPP 产能（以及固碳和释氧功能），建议加大森林面积，提高森林生态系统服务功能。深圳市地处南亚热带或中亚热带，植物种类繁多，天然植被中野生高等植物种类丰富，主要有针叶林、针阔混交林、及常绿阔叶林、竹林、灌丛、草丛和红树林等植被类型。鉴于竹林、经济林、灌木林固碳释氧量多，价值贡献大，对周围环境有高度的适应性，能凸显本土特色，抗逆性强，性价比高，建议城市森林在营造市区主体种植杉类、松类、阔叶林类树木的同时，适当增加竹林、经济林、灌木林，这样既提高生态系统单位面积固碳释氧价值，又可以充分保护乡土野生资源和生物多样性，也是建设高效、和谐、健康、可持续发展的城市环境的内在要求。

建设生态文明城市，既顺应城市演变和持续快速健康发展的需要，也是未来城市发展的合理模式。国家森林城市是指城市生态系统以森林植被为主体，城市生态建设实现城乡一体化发展，相关建设指标达到一定标准并经林业主管部门批准授牌的城市。国家森林城市虽然不等同于生态城市，但是对于生态城市的建设具有重大意义。

## 二、城市固碳释氧遥感监测

本书以城市固碳释氧功能及经济价值评估为标准，依据资源清查资料的数据，结合样地调查数据，评估深圳市生态系统固碳释氧服务功能价值，以期为深圳市森林资源评估提供基础依据，同时也为制定科学合理的营林政策、生态环境建设、绿地规划设计等提供参考，对提高公众对城市森林的认识具有指导价值。

碳循环是生态系统重要的生态过程，了解其过程对缓解全球气候变化有重要的参考价值。红树林位于热带和亚热带海陆交错带，在全球海陆碳循环中有重要作用。福田红树林自然保护区是深圳市区内的一条绿色长廊，背靠美丽宽广的滨海大道，与滨海生态公园连成一体，面向碧波荡漾的深圳湾，不仅是鸟类栖息嬉戏的天堂、植物的王国，也是人们踏青、赏鸟、观海、体验自然风情的好去处。保护区内除红树林植物群落外，还有其他 55 种植物，千姿百态。它是深圳市区内的一条绿色长廊。

图 4-14 给出了 2001—2015 年深圳市 MODIS 图像生成的固碳分布制图结果，图 4-15 给出了 2001—2015 年深圳市 MODIS 图像生成的固碳年均值，图 4-16 给出了 2001—2015 年深圳市各区 MODIS 图像生成的固碳年均值。

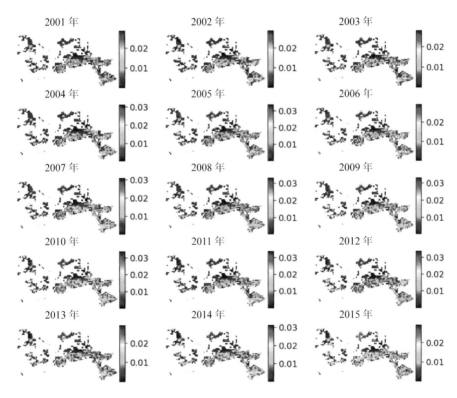

图 4-14　2001—2015 年深圳市 MODIS 图像生成的固碳分布［单位：kgC/（m$^2$·a）］

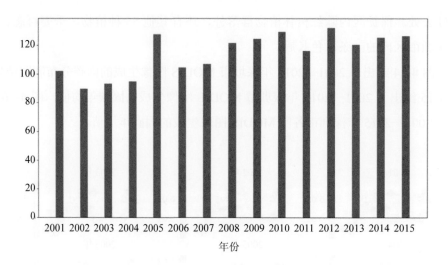

图4-15　2001—2015年深圳市MODIS图像生成的固碳年均值［单位：gC/（m²·a）］

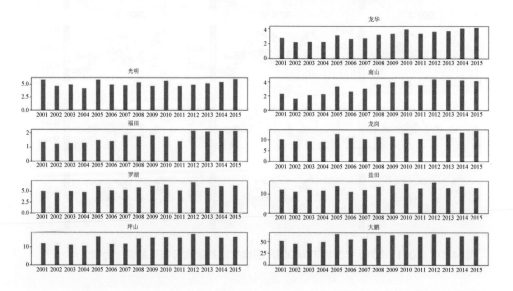

图4-16　2001—2015年深圳市各区MODIS图像生成的固碳平均值［单位：gC/（m²·a）］

可以看出，深圳市的固碳服务功能在空间分布上具有显著差异性。东部服务功能较强，而西部地区建筑密集，植被覆盖率低，下垫面以不透水面为主，导致固碳服务功能较弱。龙岗、盐田、坪山和大鹏的服务功能明显强于其他区域。2018年深圳地区植被固碳功能整体提升8%，其中大鹏和坪山的固碳贡献量约占全市固碳贡献总量的45%。

　　总的来看，深圳各区林分面积及固碳量和变化情况是不同的，但是绿地总面积、总固碳量的年际变化情况基本一致，2010年以后连续增加。近几年来深圳各区固碳服功能呈现增强趋势，年增长量和增长率约为3%。

　　图4-17给出了2001—2015年深圳市MODIS图像生成的释氧分布制图结果，图4-18给出了2001—2015年深圳市MODIS图像生成的释氧年均值，图4-19给出了2001—2015年深圳市各区MODIS图像生成的释氧年均值。

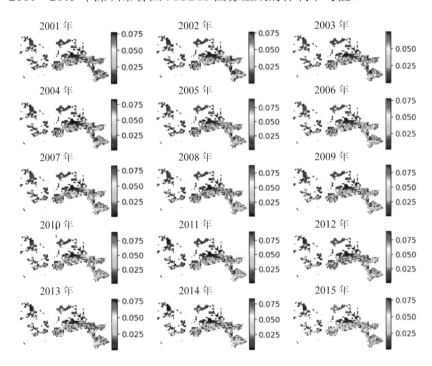

图4-17　2001—2015年深圳市MODIS图像生成的释氧分布［单位：kgO/（m²·a）］

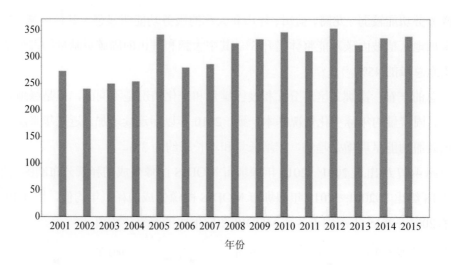

**图 4-18　2001—2015 年深圳市 MODIS 图像生成的释氧年均值［单位：gO/（m²·a）］**

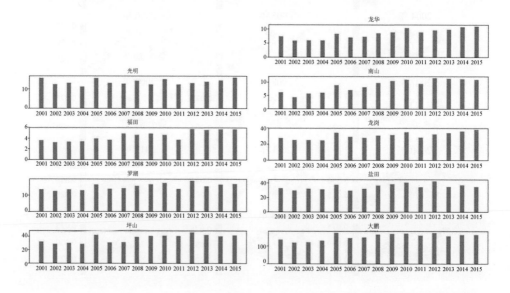

**图 4-19　2001—2015 年深圳市 MODIS 图像生成的各区释氧年均值［单位：gO/（m²·a）］**

深圳市的释氧服务功能在空间分布上具有显著差异性。东部服务功能较强，而西部地区释氧服务功能较弱。龙岗、盐田、坪山和大鹏的服务功能明显强于其他区域。总的来看，深圳各区林分面积及释氧量和价值的变化情况是不同的，但是绿地总面积、总释氧量和价值的年际变化情况基本一致，2010 年以后连续增加。近几年来深圳各区固碳释氧服功能呈现增强趋势。

我们的研究基本与相关的研究吻合，城市固碳释氧价值增长速率与社会发展水平指数呈负相关关系，与可持续发展水平指数呈正相关关系。固碳释氧价值的增长不能满足人口与社会发展的需要必然会影响到社会的可持续发展，因此城市生态系统与人口、经济的协调不可忽视。

本书对深圳市省的固碳释氧效益进行了动态分析，为今后开展区域性城市生态固碳释氧效益研究提供参考。本书还表明，深圳生态建设在使绿地总面积增加的同时，也提高了绿地固碳释氧效益，凸显了生态城市建设的特殊作用，为深圳市经济社会发展的环境承载能力和森林资源的经营管理提供了可靠的理论依据。

## 第四节　本章小结

本章介绍了利用气象卫星遥感技术对深圳市的生态环境进行持续、动态地监测，通过对植被覆盖度和植被固碳释氧量等多项指标值的年际间分析，反映生态环境及其格局的变化。深圳市生态环境质量持续改善，植被覆盖度、植被固碳释氧量等反映生态环境质量的关键性指标在近几年都有所改善。

（1）深圳绿地主要集中分布在经济相对不发达的东南部地区，而西部和中部地区因城市建设增长速度快，人口和城镇比较密集，绿地分布相对较少，在这些区域内，绿地主要分布在一些公园和绿化带内。深圳市近年来大力发展道路绿化，沿着城市内一些重要的交通要道建设绿化带。近五年来，深圳市不透水面面积呈缓慢增长趋势，城市植被开始增加；为了维护城市正常的生态环境，政府对城市规划的宏观调控也使得城市不透水面面积增长受限，从而促进了城市绿地的稳定增长。

（2）近 20 年的研究表明，植被覆盖度自 2013 年以来显著提高。从各区来看，大鹏、坪山和龙岗占据植被生态质量改善前三甲，大鹏区同时稳居全市植被生态质量第一位。中心城区方面，遥感监测显示 2013 年以来植被覆盖度有所提高、地表温度下降，2018 年成为近 6 年来植被覆盖度较高和地表温度较低年份。

（3）深圳市生态系统各类型单位净初级生产力（NPP）由多到少排序依次均为：森林＞草地＞农田＞湿地，其中森林 NPP 约占总量的 60%。鉴于森林生态系统的 NPP 产能，建议加大森林面积，提高森林生态系统服务功能。

（4）深圳市的固碳释氧服务功能在空间分布上具有显著差异性。东部服务功能较强，而西部地区建筑密集，植被覆盖率低，下垫面以不透水面为主，导致固碳释氧服务功能较弱。龙岗、盐田、坪山和大鹏的服务功能明显强于其他区域。2018 年深圳地区植被固碳释氧功能整体提升约 8%，其中大鹏和坪山的固碳释氧贡献量约占全市固碳释氧贡献总量的 45%。从整体看，2011 年以来深圳各区固碳释氧服务功能呈现增强趋势，年增长量和增长率约为 3%。

# 参考文献

[1]  Canty，Morton J. Image Analysis，Classification and Change Detection in Remote Sensing：With Algorithms for ENVI/IDL and Python. CRC Press，2014.

[2]  Carlson，Toby N，David A Ripley. On the relation between NDVI，fractional vegetation cover，and leaf area index[J]. Remote Sensing of Environment，1997，62（3）：241-252.

[3]  Deng，Yingbin，Changshan Wu. Development of a Class-Based Multiple Endmember Spectral Mixture Analysis（C-MESMA）Approach for Analyzing Urban Environments[J]. Remote Sensing，2016，8（4）：349.

[4]  Grimmond，Sue. Urbanization and global environmental change：local effects of urban warming[J]. The Geographical Journal，2007，173（1）：83-88.

[5]  Haines，Andy，R Sari Kovats，Diarmid Campbell-Lendrum，et al. Climate change and human health：Impacts，vulnerability and public health[J]. Public Health，2006，120（7）：585-596.

[6]  Heinz，Daniel C，Chein-I Chang. Fully constrained least squares linear spectral mixture analysis method for material quantification in hyperspectral imagery[J]. IEEE Transactions on Geoscience and Remote Sensing，2001，39（3）：529-545.

[7]  Huete，Alfredo R. A soil-adjusted vegetation index（SAVI）[J]. Remote Sensing of Environment，1988，25（3）：295-309.

[8]  Jensen，John R，Kalmesh Lulla. Introductory digital image processing：a remote sensing perspective[J]. Geocarto International，1986，2（1）：65.

[9]  Jimenez-Munoz，Juan C，Jose Sobrino，et al. Land surface temperature retrieval methods from

Landsat-8 thermal infrared sensor data[J]. IEEE Geoscience and Remote Sensing Letters，2014，11（10）：1840-1843.

[10] Knight，Edward J，Geir Kvaran. Landsat-8 operational land imager design，characterization and performance[J]. Remote Sensing，2014，6（11）：10286-10305.

[11] Leslie，C，E Eskin，W. S. Noble. The spectrum kernel：a string kernel for SVM protein classification[J]. Pac Symp Biocomput，2001，7：564-575.

[12] Li，DR. China's first civilian three-line-array stereo mapping satellite：ZY-3[J]. Acta Geodaetica Et Cartographica Sinica，2012，41（3）：317-322.

[13] Li Jian，Xiaoling Chen，Liqiao Tian，et al. Improved capabilities of the Chinese high-resolution remote sensing satellite GF-1 for monitoring suspended particulate matter（SPM） in inland waters：Radiometric and spatial considerations[J]. ISPRS Journal of Photogrammetry and Remote Sensing， 2015，106：145-156.

[14] Li Xueke，Taixia Wu，et al. Evaluation of the Chinese Fine Spatial Resolution Hyperspectral Satellite TianGong-1 in Urban Land-Cover Classification[J]. Remote Sensing，2016，8（5）：438.

[15] Liu Kai，Hongbo Su，Xueke Li. Comparative Assessment of Two Vegetation Fractional Cover Estimating Methods and Their Impacts on Modeling Urban Latent Heat Flux Using Landsat Imagery[J]. Remote Sensing，2017，9（5）：455.

[16] Liu Kai，Hongbo Su，Xueke Li，et al. A Thermal Disaggregation Model Based on Trapezoid Interpolation[J]. IEEE Journal of Selected Topics in Applied Earth Observations and Remote Sensing，2018，11（3）：808-820.

[17] Liu Kai，Hongbo Su，Xueke Li，et al. Quantifying Spatial–Temporal Pattern of Urban Heat Island in Beijing：An Improved Assessment Using Land Surface Temperature（LST） Time Series Observations From LANDSAT，MODIS，and Chinese New Satellite GaoFen-1[J]. IEEE Journal of Selected Topics in Applied Earth Observations and Remote Sensing，2016，9（5）：2028-2042.

[18] Liu Kai，Hongbo Su，Jing Tian，et al. Assessing a scheme of spatial-temporal thermal

remote-sensing sharpening for estimating regional evapotranspiration[J]. International Journal of Remote Sensing，2018，39（10）：3111-3137.

[19] Liu Kai，Hongbo Su，Lifu Zhang，et al. Analysis of the Urban Heat Island Effect in Shijiazhuang，China Using Satellite and Airborne Data[J]. Remote Sensing，2015，7（4）：4804-4833.

[20] Oke，Tim R. City size and the urban heat island[J]. Atmospheric Environment，1973，7（8）：769-779.

[21] Pickett，Steward TA，ML Cadenasso，et al. Urban ecological systems：linking terrestrial ecological，physical，and socioeconomic components of metropolitan areas[J]. Urban Ecology，2008，99-122. Springer.

[22] Pulliainen，Jouni，Kari Kallio，et al. A semi-operative approach to lake water quality retrieval from remote sensing data[J]. Science of the Total Environment，2001，268（1）：79-93.

[23] Rees，William，Mathis Wackernagel. Urban ecological footprints：why cities cannot be sustainable—and why they are a key to sustainability[J]. Urban Ecology，2008，537-555. Springer.

[24] Reuter，Dennis C，Cathleen M Richardson，et al. The Thermal Infrared Sensor（TIRS）on LANDSAT 8：Design overview and pre-launch characterization[J]. Remote Sensing，2015，7（1）：1135-1153.

[25] Ritchie，Jerry C，Paul V Zimba，et al. Remote sensing techniques to assess water quality[J]. Photogrammetric Engineering & Remote Sensing，2003，69（6）：695-704.

[26] Roy，David P，MA Wulder，et al. Landsat-8：Science and product vision for terrestrial global change research[J]. Remote Sensing of Environment，2014，145：154-172.

[27] Running，Steven W，Thomas R Loveland，Lars L Pierce，et al. A remote sensing based vegetation classification logic for global land cover analysis[J]. Remote Sensing of Environment，1995，51（1）：39-48.

[28] Saito，Ikuo，Osamu Ishihara，et al. Study of the effect of green areas on the thermal environment in an urban area[J]. Energy and Buildings，1991，15（3）：493-498.

[29] Sawaya，Kali E，Leif G Olmanson，Nathan J Heinert，et al. Extending satellite remote sensing to local scales：land and water resource monitoring using high-resolution imagery[J]. Remote Sensing of Environment，2003，88（1）：144-156.

[30] Schmidt，Markus A.，Dang Yuan Lei，Lothar Wondraczek，et al. Hybrid nanoparticle-microcavity-based plasmonic nanosensors with improved detection resolution and extended remote-sensing ability[J]. Nature Communications，2012，3（4）：1108.

[31] Schowengerdt，Robert A. Techniques for image processing and classification in remote sensing[M]. Academic Press，New York，1983.

[32] Sharma，Richa，P. K. Joshi. Mapping environmental impacts of rapid urbanization in the National Capital Region of India using remote sensing inputs[J]. Urban Climate，2016，15：70-82.

[33] Small，Christopher. Estimation of urban vegetation abundance by spectral mixture analysis[J]. International Journal of Remote Sensing，2001，22（7）：1305-1334.

[34] Sobrino，José A，Juan C Jiménez-Muñoz，Leonardo Paolini. Land surface temperature retrieval from LANDSAT TM 5[J]. Remote Sensing of Environment，2004，90（4）：434-340.

[35] Sun Zhongping，Wenming Shen，Bin Wei，et al. Object-oriented land cover classification using HJ-1 remote sensing imagery[J]. Science China Earth Sciences，2010，53（1）：34-44.

[36] Urban，Dean L. Landscape ecology[J]. Encyclopedia of Environmetrics，2006.

[37] Vermote，Eric F，Didier Tanré，Jean Luc Deuzé，et al. Second simulation of the satellite signal in the solar spectrum，6S：An overview[J]. IEEE Transactions on Geoscience and Remote Sensing，1997，35（3）：675-686.

[38] Wang Lei，Ranran Yang，Qingjiu Tian，et al. Comparative Analysis of GF-1 WFV，ZY-3 MUX，and HJ-1 CCD Sensor Data for Grassland Monitoring Applications[J]. Remote Sensing，2015，7（2）：2089-2108.

[39] Wilson，Jeffrey S，Michaun Clay，Emily Martin，et al. Evaluating environmental influences of zoning in urban ecosystems with remote sensing[J]. Remote Sensing of Environment，2003，86（3）：303-321.

[40] Wu，Changshan，Alan T Murray. 2003，Estimating impervious surface distribution by spectral mixture analysis[J]. Remote Sensing of Environment，84（4）：493-505.

[41] Xiao，J，Y Shen，R Tateishi，W Bayaer. Development of topsoil grain size index for monitoring desertification in arid land using remote sensing[J]. International Journal of Remote Sensing，2006，27（12）：2411-2422.

[42] Xu，Hanqiu. A study on information extraction of water body with the modified normalized difference water index（MNDWI）[J]. Journal of Reote Sensing，2005，9（5）：595.

[43] Yang Aixia，Bo Zhong，Wenbo Lv，et al. Cross-Calibration of GF-1/WFV over a Desert Site Using LANDSAT-8/OLI Imagery and ZY-3/TLC Data[J]. Remote Sensing，2015，7（8）：10763-10787.

[44] Zha Yong，Jay Gao，Shaoxiang Ni. Use of normalized difference built-up index in automatically mapping urban areas from TM imagery[J]. International Journal of Remote Sensing，2003，24（3）：583-594.

[45] Zhang Yongjun，Maoteng Zheng，Jinxin Xiong，et al. On-orbit geometric calibration of ZY-3 three-line array imagery with multistrip data sets[J]. IEEE Transactions on Geoscience and Remote Sensing，2014，52（1）：224-234.

[46] 柏延臣，王劲峰. 遥感数据专题分类不确定性评价研究：进展、问题与展望[J]. 地球科学进展，2005，20（11）：1218-1225.

[47] 蔡博文，王树根，王磊. 基于深度学习模型的城市高分辨率遥感影像不透水面提取[J]. 地球信息科学学报，2019，21（9）.

[48] 蔡伟，余俊清，李红娟. 遥感技术在湖泊环境变化研究中的应用和展望[J]. 盐湖研究，2005，13（4）：14-20.

[49] 曹引，冶运涛，赵红莉，等. 内陆水体水质参数遥感反演集合建模方法[J]. 中国环境科学，2017（10）：3940-3951.

[50] 陈日东，林什全，潘国英，等. 天堂山林场森林地上生物量及碳储量的遥感估算模型构建[J]. 林业与环境科学，2019（3）.

[51] 陈述彭，谢传节. 城市遥感与城市信息系统[J]. 测绘科学，2000，25（1）：1-8.

[52] 陈佑启，Peter H Verburg. 中国土地利用/土地覆盖的多尺度空间分布特征分析[J]. 地理科学，2000，20（3）：197-202.

[53] 崔炳德. 支持向量机分类器遥感图像分类研究[J]. 计算机工程与应用，2011，47（27）：189-191.

[54] 董菁，左进，李晨，等. 城市再生视野下高密度城区生态空间规划方法——以厦门本岛立体绿化专项规划为例[J]. 生态学报，2018，38（12）.

[55] 葛伟强，周红妹，杨引明，等. 基于遥感和GIS的城市绿地缓解热岛效应作用研究[J]. 遥感技术与应用，2006，21（5）：432-435.

[56] 龚建周，夏北成. 城市生态安全评价及部分城市生态安全态势比较[J]. 安全与环境学报，2006，6（3）：116-119.

[57] 谷俊鹏，裴亮. 基于Landsat8-OLI/TIRS和HJ-1B太湖叶绿素含量和温度反演研究[J]. 测绘与空间地理信息，2017，40（5）：146-151.

[58] 郭程轩，甄坚伟. 基于TM图像的城市生态绿地格局分析与评价[J]. 国土资源遥感，2003，15（3）：33-36.

[59] 郭秀锐，杨居荣，毛显强. 城市生态系统健康评价初探[J]. 中国环境科学，2002，22（6）：525-529.

[60] 郭毓鹍. 星载遥感图像预处理系统结构和预处理算法研究[D]. 国防科学技术大学，2006.

[61] 韩玲，吴汉宁. 多源遥感影像数据融合的理论与技术[J]. 西北大学学报（自然科学版），2004，34（4）：457-460.

[62] 贺金兰，张明月，田尉霞. 基于遥感影像的不同植被指数比较研究[J]. 科技创新与应用，2017，（6）：36-37.

[63] 胡红，胡广鑫，李新辉. 水体水质遥感监测研究综述[J]. 环境与发展，2017，29（8）：158.

[64] 胡嘉骢，朱启疆. 城市热岛研究进展[J]. 北京师范大学学报（自然科学版），2010，46（2）：186-193.

[65] 黄慧萍，吴炳方，李苗苗，等. 高分辨率影像城市绿地快速提取技术与应用[J]. 遥感学报，2004，8（1）：68-74.

[66] 黄世存，章文毅，何国金，等. 几种不同矩阵算法的遥感图像几何精纠正效果比较[J]. 国

土资源遥感，2005（3）：18-22.

[67] 贾明超，黄秋昊，李满春，等. 基于遥感监测的深圳市基本生态控制区违法建设生态风险评估[J]. 遥感信息，2013，28（3）：38-43.

[68] 姜海玲，杨杭，陈小平，等. 利用光谱指数反演植被叶绿素含量的精度及稳定性研究[J]. 光谱学与光谱分析，2015，35（4）：975-981.

[69] 蒋友严，黄进，李民轩. 环境减灾卫星在甘肃省草原火灾监测中的应用研究[J]. 干旱气象，2013，31（3）：590-594.

[70] 匡文慧. 城市土地利用/覆盖变化与热环境生态调控研究进展与展望[J]. 地理科学，2018，38（10）.

[71] 李成范，尹京苑，赵俊娟. 一种面向对象的遥感影像城市绿地提取方法[J]. 测绘科学，2011，36（5）：112-114.

[72] 李传荣，贾媛媛，胡坚，等. HJ-1 光学卫星遥感应用前景分析[J]. 国土资源遥感，2008，20（3）：1-3.

[73] 李家国，顾行发，余涛，等. 澳大利亚东南部森林山火 HJ 卫星遥感监测[J]. 北京航空航天大学学报，2010，36（10）：1221-1224.

[74] 李淼，张永红，张继贤. 绿地信息提取研究[J]. 测绘科学，2007，32（2）：131-132.

[75] 李佩武，李贵才，张金花，等. 深圳城市生态安全评价与预测[J]. 地理科学进展，2009，28（2）：245-252.

[76] 李石华，王金亮，毕艳，等. 遥感图像分类方法研究综述[J]. 国土资源遥感，2005，17（2）：1-6.

[77] 李雪轲，王晋年，张立福，等. 面向对象的航空高光谱图像混合分类方法[J]. 地球信息科学学报，2014，16（6）：941-948.

[78] 李元征，尹科，王亚婷，等. 地表城市热岛影响因素研究进展[J]. 世界科技研究与发展，2017（1）：51-61.

[79] 李云亮，张运林，李俊生，等. 不同方法估算太湖叶绿素 a 浓度对比研究[J]. 环境科学，2009，30（3）：680-686.

[80] 荔琢，蒋卫国，王文杰，等. 基于生态系统服务价值的京津冀城市群湿地主导服务功能研

究[J]. 自然资源学报，2019，34（8），1654-1665.

[81] 廖克，成夕芳，吴健生，等. 高分辨率卫星遥感影像在土地利用变化动态监测中的应用[J]. 测绘科学，2006，31（6）：11-15.

[82] 林辉，赵双泉，赵煜鹏. 遥感数字图像的无缝镶嵌[J]. 中南林学院学报，2004，24（1）：83-86.

[83] 刘灿德，何报寅. 水质遥感监测研究进展[J]. 世界科技研究与发展，2005，27（5）：40-44.

[84] 刘闯，文洪涛，赵立成，等.我国 EOS—MODIS 地面站建设的现状、问题与对策[J]. 遥感信息，2003，（4）：42-47.

[85] 刘贵利. 城市生态规划理论与方法[M]. 南京：东南大学出版社，2002.

[86] 刘花，郭庆荣，刘朱婷. 广东省"十二五"生态环境时空变化趋势及影响因素[J]. 环境监控与预警，2019（4）.

[87] 刘荣高，刘洋，刘纪远.MODIS 科学数据处理研究进展[J]. 自然科学进展，2009，19（2）：141-147.

[88] 刘盛和. 城市土地利用扩展的空间模式与动力机制[J]. 地理科学进展，2002，21（1）：43-50.

[89] 刘小平，邓孺孺，彭晓鹃. 城市绿地遥感信息自动提取研究[J]. 地域研究与开发，2005，24（5）：110-113.

[90] 柳海鹰，高吉喜，李政海. 土地覆盖及土地利用遥感研究进展[J]. 国土资源遥感，2001（4）：7-12.

[91] 罗亚，徐建华，岳文泽. 基于遥感影像的植被指数研究方法述评[J]. 生态科学，2005，24（1）：75-79.

[92] 罗亚，徐建华，岳文泽，等. 植被指数在城市绿地信息提取中的比较研究[J]. 遥感技术与应用，2006，21（3）：212-219.

[93] 吕恒，江南，李新国. 内陆湖泊的水质遥感监测研究[J]. 地球科学进展，2005，20（2）：185-192.

[94] 吕妙儿，蒲英霞. 城市绿地监测遥感应用[J]. 中国园林，2000（5）：41-44.

[95] 马荣华，唐军武，段洪涛. 湖泊水色遥感研究进展[J]. 湖泊科学，2009，21（2）：143-158.

[96] 马勇，童昀，任洁. 多源遥感数据支持下的县域尺度生态效率测算及稳健性检验——以长

江中游城市群为例[J]. 自然资源学报，2019，34（6）：1196-1208.

[97] 梅安新. 遥感导论[M]. 北京：高等教育出版社，2001.

[98] 明冬萍，骆剑承，沈占锋，等. 高分辨率遥感影像信息提取与目标识别技术研究[J]. 测绘科学，2005，30（3）：18-20.

[99] 明珠，招康赛，杨立君. 深圳市植物物种多样性调查与保护对策[J]. 环境与可持续发展，2013，38（2）：86-88.

[100]潘建刚，赵文吉，宫辉力. 遥感图像分类方法的研究[J]. 首都师范大学学报（自然科学版），2004，25（3）：86-91.

[101]彭少麟，周凯，叶有华，等. 城市热岛效应研究进展[J]. 生态环境，2005，14（4）：574-579.

[102]齐孟文，刘凤娟. 城市水体富营养化的生态危害及其防治措施[J]. 环境科学动态，2004（1）：44-46.

[103]乔治，孙宗耀，孙希华，等. 城市热环境风险预测及时空格局分析[J]. 生态学报，2019（2）：649-659.

[104]秦伯强，高光，朱广伟，等. 湖泊富营养化及其生态系统响应[J]. 科学通报（中文版），2013，58（10）：855-864.

[105]秦其明，朱黎江. 基于 6S 模型的可见光、近红外遥感数据的大气校正[J]. 北京大学学报（自然科学版），2004，40（4）：611-618.

[106]邱致刚，杨希，于凌云，等. 城市化影响下红树林的生态问题与保护对策：以深圳福田为例[J]. 湿地科学与管理，2019（3），33-36.

[107]瞿敏，邢前国，潘伟斌. 大亚湾水质遥感监测指标分析[J]. 生态科学，2006，25（3）：262-265.

[108]任敬萍，赵进平. 二类水体水色遥感的主要进展与发展前景[J]. 地球科学进展，2002，17（3）：363-371.

[109]阮建武，邢立新. 遥感数字图像的大气辐射校正应用研究[J]. 遥感技术与应用，2004，19（3）：206-208.

[110]邵振峰. 城市遥感[M]. 武汉：武汉大学出版社，2009.

[111]疏小舟，汪骏发，沈鸣明，等. 航空成像光谱水质遥感研究[J]. 红外与毫米波学报，2000，19（4）：273-276.

[112] 孙静，赵伟，赵鲁全. 土地利用遥感动态监测技术方法介绍[J]. 山东国土资源，2005，21（4）：38-41.

[113] 孙晓敏，袁国富，朱治林，等. 生态水文过程观测与模拟的发展与展望[J]. 地理科学进展，2010，29（11）：1293-1300.

[114] 汤竞煌，聂智龙. 遥感图像的几何校正[J]. 测绘与空间地理信息，2007，30（2）：100-102.

[115] 唐伟，赵书河，王培法. 面向对象的高空间分辨率遥感影像道路信息的提取[J]. 地球信息科学，2008，10（2）：257-262.

[116] 唐新明，谢俊峰. 资源三号卫星在轨测试与应用分析[J]. 地理信息世界，2013，（2）：37-40.

[117] 田庆久，闵祥军. 植被指数研究进展[J]. 地球科学进展，1998，13（4）：327-333.

[118] 王安志，裴铁璠. 森林蒸散测算方法研究进展与展望[J]. 应用生态学报，2001，12（6）：933-937.

[119] 王斐，王杰生. 三个商用遥感数字图像处理软件比较[J]. 遥感技术与应用，1998，13（2）：49-56.

[120] 王桥，魏斌，王昌佐，等. 基于环境一号卫星的生态环境遥感监测[M]. 北京：科学出版社，2010.

[121] 王修信，吴昊，卢小春，等. 利用混合像元分解结合 SVM 提取城市绿地[J]. 计算机工程与应用，2009，45（33）：216-217.

[122] 王雪，于德永，曹茜，等. 城市景观格局与地表温度的定量关系分析[J]. 北京师范大学学报（自然科学版），2017，53（3）：329-336.

[123] 王亚超，徐恒省，王国祥，等. 氮、磷等环境因子对太湖微囊藻与水华鱼腥藻生长的影响[J]. 环境监控与预警，2013，5（1）：7-10.

[124] 王钊，李登科. 2000—2015 年陕西植被净初级生产力时空分布特征及其驱动因素[J]. 应用生态学报，2018，29（6）：1876-1884.

[125] 闻建光，肖青，杨一鹏，等. 基于高光谱数据提取水体叶绿素 a 浓度的混合光谱模型[J]. 水科学进展，2007，18（2）：270-276.

[126] 翁永玲，田庆久. 遥感数据融合方法分析与评价综述[J]. 遥感信息，2003（3）：49-54.

[127] 吴美蓉. 中巴地球资源卫星应用及其发展[J]. 测绘科学，2000，25（2）：30-34.

[128] 肖荣波，欧阳志云，李伟峰，等. 城市热岛时空特征及其影响因素[J]. 气象科学，2007，27（2）：230-236.

[129] 谢花林，李波. 城市生态安全评价指标体系与评价方法研究[J]. 北京师范大学学报（自然科学版），2005，40（5）：705-710.

[130] 辛晓洲. 用定量遥感方法计算地表蒸散[D]. 中国科学院遥感应用研究所，2003.

[131] 夏楚瑜，李艳，叶艳妹，等. 基于生态网络效用的城市碳代谢空间分析——以杭州为例[J]. 生态学报，2018，38（1）.

[132] 徐涵秋. 环厦门海域水色变化的多光谱多时相遥感分析[J]. 环境科学学报，2006，26（7）：1209-1218.

[133] 徐琳瑜，杨志峰，李巍. 城市生态系统承载力理论与评价方法[J]. 生态学报，2005，25（4）：771-777.

[134] 徐文. 我国陆地观测卫星发展及应用[J]. 中国科技投资，2016，（15）.

[135] 杨俊，白世豪，金翠，等. 热环境视角下的最小生态安全距离——以大连北三市为例[J]. 生态学报，2018，39（18）.

[136] 杨一鹏，王桥，王文杰，等. 水质遥感监测技术研究进展[J]. 地理与地理信息科学，2004，（6）：6-12.

[137] 杨煜，李云梅，王桥，等. 富营养化的太湖水体叶绿素 a 浓度模型反演[J]. 地球信息科学学报，2009，11（5）：597-603.

[138] 易尧华，龚健雅，秦前清. 大型影像数据库中的色调调整方法[J]. 武汉大学学报（信息科学版），2003，28（3）：311-314.

[139] 于兴修，杨桂山. 中国土地利用/覆被变化研究的现状与问题[J]. 地理科学进展，2002，21（1）：51-57.

[140] 俞孔坚，李迪华，吉庆萍. 景观与城市的生态设计：概念与原理[J]. 中国园林，2001，6（2），17（6）：3-10.

[141] 岳文泽. 基于遥感影像的城市景观格局及其热环境效应研究[D]. 华东师范大学，2005.

[142] 张博，张柏，洪梅，等. 湖泊水质遥感研究进展[J]. 水科学进展，2007，18（2）：301-310.

[143] 张东，许勇，张鹰，等. 基于高光谱遥感的沿海河口无机氮浓度空间分布特征解译[J]. 环

境科学，2010，31（6）：1435-1441.

[144] 张仁华，孙晓敏，朱治林，等.遥感区域地表植被二氧化碳通量的机理及其应用[J]. 中国科学：地球科学，2000，30（2）：215-224.

[145] 张若琳，万力，张发旺，等. 土地利用遥感分类方法研究进展[J]. 南水北调与水利科技，2006，4（2）：39-42.

[146] 张文江，陆其峰，高志强. 区域地表水热通量遥感的空间不均匀性分析[J]. 自然科学进展，2007，17（10）：1383-1390.

[147] 赵鹏军，彭建. 城市土地高效集约化利用及其评价指标体系[J]. 资源科学，2001，23（5）：23-27.

[148] 郑盛，赵祥，张颢，等.HJ-1 卫星 CCD 数据的大气校正及其效果分析[J]. 遥感学报，2011，15（4）：709-721.

[149] 周冠华，唐军武，田国良，等. 内陆水质遥感不确定性：问题综述[J]. 地球科学进展，2009，24（2）：150-158.

[150] 周亚明，李俊生，申茜，等. 基于水面光谱数据的官厅水库有色可溶性有机物反演[J]. 光谱学与光谱分析，2015，35（4）：1015-1019.

[151] 周艺，周伟奇，王世新，等. 遥感技术在内陆水体水质监测中的应用[J]. 水科学进展，2004，15（3）：312-317.

[152] 朱海涌. 环境与灾害监测预报小卫星数据应用评价[J]. 干旱环境监测，2010，24（1）：39-42.

[153] 朱仁璋，丛云天，王鸿芳，等. 全球高分光学星概述（二）：欧洲[J]. 航天器工程，2016，25（1）：95-118.